浙江省重点研发计划（No.2017C03006）专著

边坡充气
截排水方法

METHOD OF
INFLATABLE DRAINAGE
IN SLOPE

孙红月 谢 威 杜丽丽 尚岳全◎著

ZHEJIANG UNIVERSITY PRESS
浙江大学出版社

图书在版编目（CIP）数据

边坡充气截排水方法 / 孙红月等著 . — 杭州：浙
江大学出版社，2019.12
ISBN 978-7-308-19693-2

Ⅰ. ①边… Ⅱ. ①孙… Ⅲ. ①滑坡－排水－灾害防
治－技术方法 Ⅳ. ①P642.22

中国版本图书馆CIP数据核字（2019）第241471号

边坡充气截排水方法

孙红月　谢　威　杜丽丽　尚岳全　著

责任编辑	张凌静
责任校对	汪志强　陈静毅
封面设计	续设计-雷建军
出版发行	浙江大学出版社
	（杭州市天目山路148号　邮政编码310007）
	（网址：http://www.zjupress.com）
排　　版	杭州兴邦电子印务有限公司
印　　刷	虎彩印艺股份有限公司
开　　本	710mm×1000mm　1/16
印　　张	13
字　　数	224千
版印次	2019年12月第1版　2019年12月第1次印刷
书　　号	ISBN 978-7-308-19693-2
定　　价	65.00元

内容简介

边坡充气截排水是一种新技术，以快速控制潜在滑坡区地下水位上升为目标。该技术利用钻孔向坡体内充气，改变边坡部分区域岩土体饱和度和地下水渗流方向，形成非饱和阻渗区，减少边坡后缘地下水流入潜在滑坡敏感区。边坡充气截排水技术具有布孔位置选择方便和经济性好的优势，可望成为滑坡截排水的主要方法之一。

本书以岩土体的透气特性和气驱水理论研究为基础，以高压气体在坡体环境中的扩散方式及其影响因素研究为重点，以压入气体对岩土体渗透性和对渗流场的改变作用研究为核心，探讨充气截排水技术的基础理论问题，着眼于开拓滑坡充气截排水新方法，解决充气截排水技术在滑坡治理工程中应用的可行性问题。本书可供滑坡地质灾害防治领域的工程技术人员和大专院校相关专业师生作为边坡截排水技术研究和学习的参考。

前　言

降雨是诱发滑坡的主要因素,大量滑坡表现为雨季滑动,旱季又处于相对稳定或随雨季过程出现多期分区滑动的状态。它们的变形动态受降雨影响较大。近百年来,全球范围内发生的灾难性崩滑地质灾害,约80%与气候条件直接或间接相关,约55%直接由长期持续强降雨或突发性特大暴雨诱发。降雨强度和前期降雨积累程度决定滑坡的启动时间,岩土渗透率分布决定许多斜坡的破坏特征。因此,控制坡体地下水位上升,对滑坡防灾具有重要作用。许多滑坡的地下水主要来源于降雨形成的丰富的后缘地下水入渗。因此,拦截坡体后缘的地下水入渗补给,对此类滑坡防治具有重要的意义。

本书讨论一种截排坡体地下水的主动方法,即在潜在滑坡区外围或者在滑坡区的中上部,钻探形成压气孔,向坡体压入高压气体,利用气驱水技术形成非饱和区,降低坡体的含水量和渗透性,降低坡体地下水位和减少地下水流向潜在滑坡区。通过理论分析、模型试验和数值模拟,论证了对土体充气排水和充气阻渗截水的可行性,揭示了充气过程中地下水位的变化规律、非饱和阻水区的形成机理及气水两相流特征,研究了充气压力、充气位置、土体渗透性等关键参数对截排水效果的影响,探讨了土体的充气破坏机理,为边坡充气截排水技术的推广应用奠定了理论基础。

本书是课题组成员集体研究的成果总结。感谢课题组研究生刘长殿在土柱的充气阻渗试验研究、钱文见在边坡充气渗流特征及截排水影响因素模拟的研究、余文飞在边坡充气截排水模拟的研究、陈永珍在工程滑坡充气截排水数值模拟分析、江海华在充气截排水可能引起的边坡破坏方式分析等方面的重要贡献。特别感谢尚岳全教授在理论方法研究、模型试验和数值模拟研究技术方案制定、研究成果分析总结等方面给予的指导和帮助。感谢课题组研究生潘攀、魏振磊、康剑伟、安妮、张文君、陈晓辉、王翔宇、梅成、吴梦萍、吕俊俊等在相关试验研究中作出的贡献。

边坡充气截排水是一项新技术。通过大量模型试验、数值模拟和理论分析工作,论证了技术方法的可行性,具有主动截排水和快速形成截水帷幕及实施设备简单等优势,并且经济性好、施工建设速度快、对斜坡形态改变小,所以积极推进充气截排水技术走向成熟并运用于工程实际,对降雨型滑坡的治理意义重大。限于著者水平,书中缺点和错误在所难免,恳请读者批评指正。

孙红月

于浙江大学

目　录

第1章 绪 论

1.1 边坡截排水的意义与存在的问题

降雨诱发滑坡已获共识。降雨强度和前期降雨积累量程度决定了滑坡的启动时间(Rahimi et al.,2011;Ray et al.,2010),岩土渗透系数分布决定了坡体的破坏特征(Cho et al.,2001;Rahardjo et al.,2010),降雨量超过阈值时往往在区域上发生大量滑坡。多数滑坡的变形动态表现为雨季时滑动、旱季时又处于相对的稳定状态,它们的稳定性受地下水位变化影响。降雨向坡体补给地下水,其水源包括边坡表面降雨入渗和潜在滑坡区后缘地下水入渗,大多数滑坡降雨入渗的汇水区是在滑坡后缘山坡,后缘地下水入渗是导致滑坡地下水位上升的关键因素(黄润秋,2007)。因此,防止滑坡外围地下水入渗,对确保滑坡治理工程施工期间的安全和实现滑坡治理的目标具有十分重要的意义。

边坡截排水在滑坡治理过程中具有效果快和费用低的优势。因此,边坡截排水技术一直受到人们的关注。边坡截排水工程措施经历了从地表到地下、从单一到综合的发展过程。排水工程用于滑坡治理的发展初期是以地表排水为主,有截水沟、排水沟、疏通自然沟等形式。为提高排水效果,在工程实践中逐渐引入了地下排水措施,有盲沟、支撑盲沟、渗沟等。随着人们对排水工程重要性认识的提高,各种排水工程措施的耦合使用研究日益受到人们的重视,洞、孔、井相结合的立体排水思想得到了发展,地下排水洞和水平排水孔得到了推广应用。水平排水孔是一种通过在打设的水平钻孔中安放滤水管,将滑坡体内的地下水排出以稳定滑坡的方法,其优点是施工安全、造价低。国外在20世纪三四十年代已经开始使用,我国在1965年由铁道部首先应用。由于施工工艺水平的提高,目前超长水平排水孔得到了推广应用,并在排水效果的定量化研究方面取得了可喜的进步,在提高排水效率的同时也大大地节省了工程费用。由于水平钻孔容易塌孔和使用过程中容易堵塞,所以目前的使用范围仍局限于一些特殊的滑坡治理工程。在各种排水措施中,排水隧洞体系效率最高,对提高滑坡的稳定性起到了很好的作用。许多大型滑坡采用了排水洞排水,如丽龙高速公路的官家村滑坡、杭金衢高速公路K103滑坡、宝鸡簸箕山滑坡、漫湾水电站左岸滑坡等。孙红月等(2008)对杭金衢高速公路K103滑坡的地下水位监测结果分析表明,破碎岩质边坡中采用地下排水隧洞,可有效降低坡体内地下水位。排水洞排水最主要的问题是施工周期长、费用高,不能满足滑坡抢险过程中的排水需要。

当前滑坡的排水措施主要有地下排水洞、水平排水孔、集水井、地表排水沟、排水盲沟和虹吸排水等。这些排水措施大都是利用水的重力势特性,使坡体的地表水和地下水向低水位区排泄。存在的主要问题可总结为:

1)排水措施对坡体的排水环境要求较高,许多边坡往往缺乏有利的地形条件,导致排水措施的有效性难以保证;

2)截排水过程利用地下水的重力势,无法加载提高水力梯度,截排水的速度慢,各排水点的控制区域范围小;

3)至今没有主动的滑坡快速截排水技术措施,无法在面对滑坡险情时经济、快速地形成截排水系统,降低滑坡抢险治理过程中降雨对边坡稳定性的影响。

多数滑坡的治理总是在出现了明显变形破坏的情况下才实施的,如果在治理期间出现明显的强降雨过程,就可能导致治理工程失败。也就是说,许多滑坡治理是一个抢险过程,如图1.1所示的是降雨诱发的杭新景高速公路边坡变形破坏,当时不得已采用了占路压脚的临时抢险措施。该滑坡发生在雨季,干旱季节又相对稳定,抢险过程中最怕出现新的连续降雨过程,地表截排水沟又因为坡体表部岩土的强渗透性而起不到应有的效果。

目前坡体排水技术的被动性和环境条件的制约性,限制了滑坡抢险过程的快速作为,使得滑坡抢险过程有着诸多的无奈,经常听到滑坡治理工程技术人员抱怨一下雨就寝食不安,总是祈求上天别下雨。因此,探索可快速截排地下水入渗

图1.1　滑坡抢险占路压脚

的技术措施,防止滑坡的启动或者为滑坡灾害处置赢得时间,是当前亟须解决的问题。

1.2　压缩空气在工程中的应用现状

土是三相体,气和水在土体中的分布影响着土的物理力学特性。目前,采用高压充气方式改变岩土体的气、水运动规律和分布,使气体进入饱和土变成非饱和土的研究日益受到人们的重视,并且已经在含水层型地下储气库的建造、压气新奥法隧道施工、曝气法处理土壤及地下水中污染物及空气注入技术治理液化等工程领域得到了广泛应用。

1.2.1　含水层型地下储气库

含水层型地下储气库的存储机理是当天然气气量过剩时,通过加压将多余的气体由气井注入地下含水岩层中,高压的气体将会驱开含水岩层中的水,在需要使用的时候再从气井中采出。含水层型地下储气库是人为地将天然气注入地下合适的地层中而形成的人工气藏,从结构上由三部分组成,即盖层、储气区和底层,如图1.2所示。与大型地上储气库相比,地下储气库具有储气量大、安全可靠、受气候影响小、维护管理简单、能合理调节用气不平衡等优点。含水层储气库建设的关键是气驱水的驱动机理,即气水界面的控制。影响气水界面移动的主要因素有地层倾角、渗透率、储层的非均质性、毛细管力和注气速率等。目前,数值模拟已成为指导各种类型储气库的主要手段,而且正逐步与经济分析模型和地质力学模型相结合,达到在不增加储气费用的情况下,提高储库的储存能力和注采应变能力,建立储库优化运行模式,带来更大的经济效益。

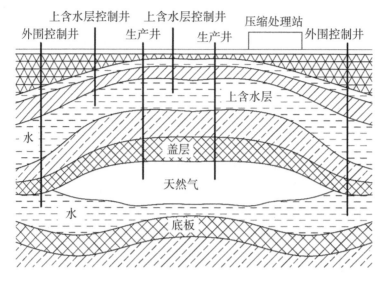

图1.2　含水层型地下储气库剖面

1.2.2　压气新奥法隧道施工

压缩空气作为一种支护和截水措施,应用于地下水位线以下地层中的竖井和隧道的施工中,已经有一百多年的历史。在欧美、中东等地区及澳大利亚等国家,许多主要的隧道及沉箱工程作业中使用了压气技术。目前,压缩空气与新奥法相结合的压气新奥法,在城市隧道和洞室工程中有着广泛的应用。压气新奥法是在具有压缩空气的环境下按照新奥法的基本原理进行隧道施工;压缩空气的主要作用是保持隧道中空气压力等于地下水压力这一平衡状态,防止围岩中的地下水进入隧道(见图1.3)。此外,压缩空气还有以下作用:显著减少地面沉降,防止地面以上结构损坏;平衡加在隧道一次衬砌上的部分荷载,降低衬砌成本;对开挖临空面有附加支护作用;流动的压缩空气对降低施工中的粉尘有显著作用,有利于改善施工环境。目前,相关研究多集中于借助数值模拟分析压气过程中土骨架–水–气三相作用机理,注气速率及表面变形等问题上。Snee和Javadi(1996)针对压气新奥法隧道施工的空气损失问题建立了一个数值模型,用于预报隧道内的空气损失,并对压气新奥法隧道施工过程中空气流量对土体抗剪强度的影响进行了研究(Javadi和Snee,2001)。刘辉等(2006)采用有限元法模拟了在地下水位以下压气隧道法施工中气体的运移规律。Nagel和Meschke(2010)针对压气新奥法隧道施工建立了弹塑性三维有限元模型,对隧道周围土体的稳定性进行评价,并对掘进面前方隧道地面沉降进行预测。

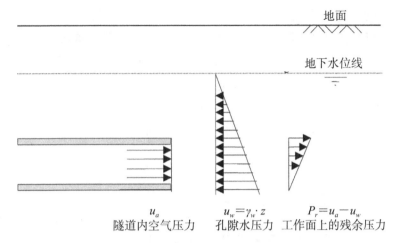

u_a
隧道内空气压力

$u_w=\gamma_w\cdot z$
孔隙水压力

$P_r=u_a-u_w$
工作面上的残余压力

图1.3 压气新奥法隧道施工图示

1.2.3 地下水曝气法

曝气法是指将空气注入污染区域以下,利用易挥发性有机物质的快速挥发特性及气体浮力作用,通过气泡与污染物的接触将地下水及土壤中的可挥发性污染物带出。目前在工程实践中,对土壤及地下水中易挥发性有机污染物的清除常采用抽气曝气组合清除法。地下水曝气法工作原理如图1.4所示。

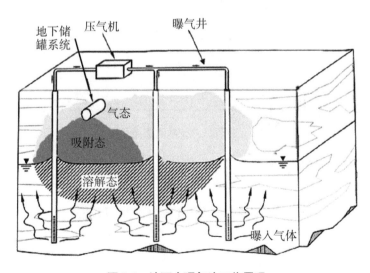

图1.4 地下水曝气法工作原理

目前,曝气法处理土壤及地下水中有机污染物的技术已经相当成熟。由于多孔介质的存在,所以很难对曝气过程中的空气流型进行直观的观察,此方法的研究主要是通过数值模拟和物理实验完成。Semer等(1998)对不同曝气压力和空气流量下的气体流型进行了实验室研究;张英等(2003)采用乙炔示踪法来研究在不同渗透率土体和不同曝气流量下气体的流型,对粗砂中污染物的传质过程进行了研究,而且建立了三维空间下的轴对称气体流动模型。随着计算机技术的发展,数值模拟逐步成为分析气、水两相流型以及工程实践中曝气井优化布置研究的主要方法。

1.2.4　空气注入技术治理液化

防止地震引起土壤液化的措施对于缓解液化危害具有重要意义,但应用于现有结构的液化技术大都十分昂贵。空气注入技术可能是一种简单而廉价的液化治理方法。这种方法是将压缩空气注入可能液化的土壤中,如图1.5所示,压缩空气使得饱和土变为不饱和土,提高土体的液化强度。研究表明,向地下注入空气可以大大降低底土的饱和度,并使土壤的不饱和状态持续很长时间,而且即使土壤仅有少量的饱和度下降,也会使抗液化能力得到有效提升(Okamura et al.,2006; Yasuhara et al.,2008; Okamura et al., 2011)。

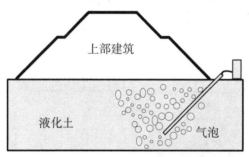

图1.5　空气注入技术治理液化图示

1.3　边坡充气截排水方法

对于大多数滑坡,降雨入渗汇水区在滑坡体后缘广大的斜坡区内,后缘的地下水入渗才是导致滑体地下水上升的关键因素。针对潜在滑坡体内地下水主要来源于后缘地下水入渗的此类滑坡,在后缘入渗路径上设置截水帷幕阻止后缘来水入渗到潜在滑坡区,将是一种最快速有效的方法。

基于非饱和土渗透特性及岩土体中气驱水原理的成功应用,我们提出了一种新的截排坡体地下水的主动方法——充气截排水方法。如图1.6所示,充气截排水方法是在边坡的中上部潜在滑坡区外围或者在长度较大滑坡区的上部,钻探形成压气孔,通过压气孔向坡体内压入气体,形成经气、水置换的局部非饱和区域。由于土体的渗透性具有随饱和度降低而快速降低的特性,故滑坡后缘非饱和区域将起到减缓上游坡体地下水流向潜在滑坡区的作用,从而降低潜在滑坡区的地下水位,提高滑坡的稳定性,最终实现防止滑坡启动或者为滑坡抢险其他治理工程的实施赢得宝贵时间。

边坡充气截排水方法相比于其他截排水措施具有基本设备简单、施工简单的优势,设备除一般的地质钻机外,需要增加的设备是空压机和配套的柴油发电机(一般也可接入民用电网)及输气管道系统。充气孔可利用已勘探钻探孔或者重新钻孔,将充气管插入钻孔,开启空气压缩机就可以实现截排水的目的。

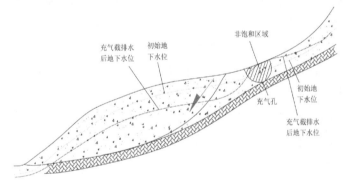

图1.6 边坡充气截排水方法图示

由充气排水形成的非饱和截水帷幕一般可选择设置在潜在滑坡区的外围,其具体位置应以气体扩散范围不影响到滑坡体为原则。对于一些长度大的滑坡或实施外围截排水有困难时,根据水文地质条件分析和滑坡稳定性计算结果,也可考虑在潜在滑坡区内采用此方法实施截水工程,例如小旦滑坡和上三公路6#滑坡等。如图1.7所示是瓯青公路小旦滑坡,由于小规模的坡脚开挖引起坡体内原有的渗流通道被堵塞而破坏,造成滑坡体内地下水位上升,引发大规模坡体失稳。针对这个滑坡,如果在滑坡体的中上部实施充气排水,使透水性良好的古滑坡堆积delQ3土层中形成临时性的气体帷幕(如图中非饱和区域),就可使部分地下水在alQ₃隔水层以上通过渗透性良好的dlQ₄土层流出坡体,减小基岩接触面附近潜在滑动面上的孔隙水压力,提高滑坡的稳定性。

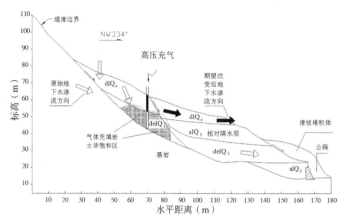

图1.7　小旦滑坡剖面:冲积杂色粉质黏土(alQ3)是隔水层

　　对于纵向长度大的滑坡,如图1.8所示是上三高速公路6#滑坡的一个纵剖面图,滑坡体的长500 m,滑坡体方量达$2×10^6$ m³,稳定性主要受地下水位变化的影响,其后缘外围为圈椅状陡崖,有利于滑坡区外围地表水和地下水向滑坡区补给。滑坡区后部表层为渗透性极好的崩积碎块石(CQ_4);中前部表层分布有基本不透水的坡积土(dlQ_3^2),被修建为梯田,主要种植水稻;古滑坡堆积土($delQ_3^1$和$delQ_3^2$)具有较强的渗透性,但期间分布有隔水薄层,且与其他土层接触带均为相对隔水层。根据滑坡体地质结构分布可知,滑坡体内地下水主要来源于沿滑坡区后部的渗透性极好的崩积碎块石土层入渗的水。设想在滑坡体的中后部进行充气排水形成非饱和截水帷幕(见图1.8),使部分地下水在不透水的坡积土(dlQ_3^2)层以上流动,不进入中下部滑坡体,就可有效地减小滑动面的孔隙水压力,提高滑坡稳定性,而且也有利于水稻种植。

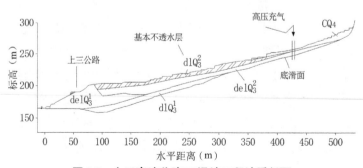

图1.8　上三高速公路6#滑坡工程地质剖面

第2章 充气截排水方法的基础理论

充气截排水方法是由充气驱排地下水形成局部渗透系数较低的非饱和区,进而实现截水目的的方法。充气作用后有两个重要的过程:一是充气排水形成非饱和区的过程,属于多孔介质中的气驱水两相流问题;二是非饱和区阻渗截水过程,属于考虑土壤中封闭气体的渗流问题。本章将对充气截排水的作用过程和机理进行系统的理论分析,为工程实践中进行充气截排水设计奠定必要的基础。

2.1 非饱和土的渗透特性

2.1.1 非饱和土的土-水特征曲线

非饱和土是固体颗粒、孔隙水和孔隙气所组成的三相系,基质吸力是非饱和土有别于饱和土的主要原因,在控制非饱和土的力学性状方面起着十分重要的作用。土-水特征曲线(soil-water characteristic curve,SWCC)是非饱和土基质吸力随含水量或饱和度的变化曲线,描述了土中孔隙水的热力学势能与土体系统吸附水量之间的关系。土-水特征曲线在研究非饱和土渗流中有着举足轻重的作用,通过SWCC可以推测非饱和土的渗透系数函数、抗剪强度等有关参数。

如图2.1所示为粉砂土的典型土-水特征曲线以及它的一些关键特征。当土壤处于饱和状态时,土壤基质吸力为零。当对土壤施加的吸力小于最大孔隙所能抵抗的吸力时,土壤能够保持饱和;当土体孔隙不能抵抗所施加的吸力时,土壤开始排水,气体首先从最大孔隙进入土壤,此时的吸力称为土壤进气值。随着吸力的增加,土壤含水量逐渐降低,当所增大的吸力不能引起土壤含水量显著变化时,此时的土壤含水量称为残余含水量。对于进气值与残余含水量,目前通常是通过经验确定的,也可以通过作图法获得,如图2.1所示,在高吸力段对应的拐点处对低吸力范围内的曲线做切线,并将高吸力部分的曲线近似为一条直线,两条直线交点所对应含水量即为土壤的残余含水量。对于所有类型的土壤,对应于零含水量的总吸力基本相同,约为 10^6 kPa。SWCC 具有明显的滞后效应,即土中的含水量不仅仅决定于当前的吸力值,也与吸力的变化历史密切相关。由于滞后效应,脱湿曲线与吸湿曲线有类似的形式但并不重合。同一基质吸力值在脱湿曲线上对应的体积含水量高于吸湿曲线。

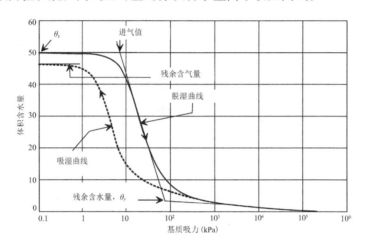

图2.1 粉砂土典型土−水特征曲线

土−水特征曲线的位置和形状主要受到土的矿物成分、孔隙结构、密实状态以及温度和水的影响。土的矿物成分和孔隙结构是基本因素,其他因素往往是通过影响这两个基本因素而起作用的。土−水特征曲线往往通过试验方法直接测定或者由土壤基础参数间接获得。在实际应用中,往往需要对其进行一定的估算,建立一定的数学模型描述基质吸力与含水量的函数关系。常见的土−水特征曲线模型有:

(1) Gardner(1958)模型

$$\theta_w = \theta_r + \frac{\theta_s - \theta_r}{\left[1 + \left(\dfrac{\psi}{a}\right)^b\right]} \tag{2-1}$$

其中,θ_w、θ_s 和 θ_r 分别为体积含水量、饱和体积含水量和残余体积含水量;a 为与进气值有关的土壤参数;b 为与脱湿速率有关的土壤参数。

（2）Brooks 和 Corey（1964）模型

$$\theta_w = \theta_r + (\theta_s - \theta_r)\left(\frac{\psi_{aev}}{\psi}\right)^{\lambda} \tag{2-2}$$

其中，ψ_{aev} 为进气值，单位为 kPa；λ 为反映介质孔径分布特征的指数。

（3）Van Genuchten（1980）模型

$$\theta_w = \theta_r + \frac{\theta_s - \theta_r}{\left[1 + \left(\frac{\psi}{a}\right)^b\right]^c} \tag{2-3}$$

其中，a 为与进气值有关的土壤参数；b 为与脱湿速率有关的土壤参数；c 为与残余含水率有关的土壤参数。

（4）Fredlund 和 Xing（1994）模型

Fredlund 和 Xing（1994）通过对土体孔径分布曲线的研究，用统计分析理论推导出适用于全吸力范围的任何土类的土-水特征曲线的表达式：

$$\theta_w = \left[1 - \frac{\ln\left(1 + \frac{\psi}{\psi_r}\right)}{\ln\left(1 + \frac{10^6}{\psi_r}\right)}\right]\frac{\theta_s}{\left\{\ln\left[e + \left(\frac{\psi}{a}\right)^b\right]\right\}^c} \tag{2-4}$$

其中，a 为进气值有关的土壤参数；b 为与脱湿速率有关的土壤参数。

2.1.2　非饱和土的渗透系数函数

非饱和土由固体骨架、孔隙水和孔隙气三相组成。俞培基和陈愈炯（1965）依据非饱和土孔隙中的水-气形态将非饱和土粗略划分为三种系统：气封闭系统、双开敞系统和水封闭系统，如图2.2所示。假设 S_{r1} 和 S_{r2} 为两个界限值，当饱和度 $S_w < S_{r1}$ 时，孔隙中气体是连通的，而孔隙中水在固体颗粒周围形成孤立的水环或者角点，彼此是互不连通的，这种形态称为水封闭、气开敞形态。在这种形态下，液相之间无水力联系，只有孔隙气体流动，水只能以蒸汽形式随气体流动而转移。当 $S_{r2} >$ 饱和度 $S_w > S_{r1}$ 时，孔隙水和孔隙气都是连通的，这种形态称为双开敞形态，处于这种形态时，在一定的条件下，土体中会产生互不混合的两种流体的运动。当饱和度 $S_w > S_{r2}$ 时，孔隙气被孔隙水分割包围，孔隙水是连通的，孔隙气以孤立的气泡存在于孔隙水中，这种形态称为气封闭、水开敞形态。在这种形态下，土中渗流是挟气水流的运动。

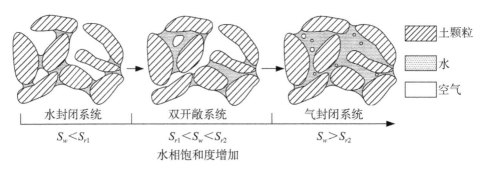

水封闭系统   双开敞系统   气封闭系统

土颗粒

水

空气

$S_w < S_{r1}$ $S_{r1} < S_w < S_{r2}$ $S_w > S_{r2}$

水相饱和度增加

图2.2   非饱和土中水-气形态

非饱和土中水相和气相的存在形态对其渗透性有重要影响。关于非饱和土的水-气形态与土体渗透系数间关系的研究表明,渗透系数与含水量的关系可用如下通用模型(Fredlund,2006)表达:

$$k_r = \Theta^\eta \tag{2-5}$$

其中,k_r 是相对渗透系数,它是某一饱和度下的渗透系数与饱和渗透系数的比值;Θ 是标准化体积含水量($\Theta = \dfrac{\theta - \theta_r}{\theta_s - \theta_r}$,其中 θ_s 和 θ_r 分别为饱和含水量和残余含水量);η 为拟合参数,研究表明 η 取值一般为3~4。例如:Irmay(1954),$\eta = 3$;Corey(1954),$\eta = 4$;Brooks 和 Corey(1964),$\eta = (2 + 3\lambda)/\lambda$,其中 λ 为与土体孔径分布相关的参数,对均质土取 $\eta = 3$;Mualem(1976),$\eta = 3 - 2m$,其中 m 为参数,对粗粒土为正值,对细粒土为负值。根据这一模型可知,岩土体中水的渗透性具有随饱和度降低而快速下降的特性,如图2.3所示。充气截排水技术正是基于非饱和土的这一渗透特性,利用高压气体驱排地下水形成人工的非饱和区发挥截水作用的。

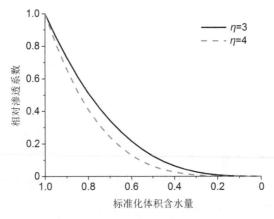

图2.3   非饱和土的相对渗透系数与体积含水量间的关系

2.2 入渗过程中的气体阻渗机理

2.2.1 降雨入渗过程

坡体地下水主要由降雨入渗补给。降雨入渗会缩小岩土体非饱和区的范围,增加非饱和区重度,抬升地下水位,土体的有效应力降低,渗透压增加,增加滑坡风险。降雨入渗边坡前,会分别形成表面径流和坡体入渗,二者间的比例与边坡表层的水文地质条件、降雨强度、前期饱和度、坡度和坡体的裂隙发育程度相关。降雨入渗的速率取决于降雨强度、坡体岩土体渗透特性及前期岩土体的饱和度。

降雨入渗是一个涉及两相流的过程,入渗时土壤中有部分空气来不及排出而被压缩,产生的气体压力会对入渗起到阻碍作用。一般认为降雨非饱和入渗分为三个阶段:入渗初期为渗润阶段,土壤比较干燥,雨水的持续入渗使表层土壤含水量增加,直到表层土壤的入渗率开始减小为止,此时积水出现,表层土壤饱和;随后进入第二阶段——渗漏阶段,入渗率明显减小且随时间递减变得缓慢;第三阶段为渗透阶段,这时入渗率减小到最小并保持基本稳定。Bodman 和 Coleman(1944)深入研究了积水入渗过程中均质土壤的水分分布情况,得出了一维垂直入渗过程中土壤水分纵向剖面饱和度分布(见图2.4),将入渗剖面按照饱和度分布分成饱和区、过渡区、传导区和湿润区。传导区深度随着入渗深度的增加而增加,其残留空气量维持稳定。土体内残留空气会降低土壤的渗透系数,是影响入渗率的一个重要因素。

在非饱和土自然入渗过程中,湿润峰前的水气交互作用最为强烈。随着湿润峰不断向下推进,入渗水流不断占据孔隙而排走空气,使得空气随

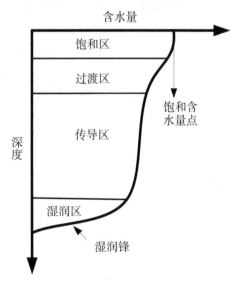

图2.4 土壤入渗剖面饱和度分布

13

着湿润峰的推进而被迫向下运动并不断被压缩,湿润峰前的气体压力也不断增大,当气压升至一定值(通常称为突破压力)后,气体会突破湿润峰上部的局部暂态饱和区并溢出土体表面。同时,湿润峰前的气压迅速减小,当气压减小至一定值(通常称作气体闭合压力)时,气体向上排泄的通道将重新被水流占据,此时湿润峰前的气压在时间轴上达到局部最小值。随着湿润峰继续向下推进,峰前空气继续被压缩,当气压升高至下一个突破压力后,气体又会突破上层水流形成排气通道排出土体表面。在非饱和土自然入渗过程中,峰前气压会在一维时间轴上呈振幅逐渐减小的周期性波动,也就是说,在入渗初期,峰前气压会做周期性波动和排气,但气压的波动会逐渐减小,最终趋于相对稳定,此时,土体中应该同时进行着入渗和排气的过程。

岩土体渗透特性及饱和度的因素,决定了渗流传播过程的模式。降雨入渗前,先在坡体表面形成暂态饱和区,降雨通过向暂态饱和区的持续入渗,使饱和区以湿润锋面的形式持续扩大,并最终到达坡体中的潜水位,使入渗降雨能直接补给地下水,造成地下水位的抬升。对于入渗过程,目前提出了多种结合了物理量和经验参数的模型,包括 Horton 入渗模型、Philip 入渗模型、Green-Ampt 入渗模型、Kostiakov 入渗模型、Smith 降雨入渗模型和 Moore 表土结皮入渗模型等。这些模型主要关注降雨强度和土体的渗透性,但对不同的渗透介质则适用程度迥异。在解析分析方面,渗流过程遵循由非饱和达西定律推导得出的Richard方程。地下水渗流有湿润锋面入渗理论与非饱和土水运移的优势渗流理论。湿润锋面入渗理论适用于连续渗流介质的简单渗透问题的分析。该类渗流的路径与土体的性质有关,主要影响因素是水的渗透力和土体的基质吸力,与初始含水率、入渗率、土壤水分运动能量等参数有关。这些参数将决定水在土体中的渗透横向扩散宽度的大小,从而决定了湿润锋面的深度和宽度所包络的渗透范围与入渗速率(李佳等,2011)。

2.2.2 入渗过程中的气体阻渗机理分析

在自然入渗过程中,土中空气对水流的入渗有阻滞作用,这已成为业界共识。土中空气对水流的阻滞作用主要通过减少过水断面、降低土体渗透性和改变土体入渗路径三种方式。残留气体的存在是影响土体渗透系数最为主要的因素。Bernadiner(1998)通过实验,从微观的角度对残留气体的形成机理做了合理解释。Bernadiner采用一块经腐蚀后的玻璃板来模拟非饱和土的孔隙结构,并通过显微镜来观察水流入渗的过程,发现水在刚入渗时会首先沿着孔隙管径的内壁形成薄的水膜,随着入渗继续,水膜逐渐加厚。由于入渗管径并非均匀分布,所以水膜会在孔径狭窄的地方首先闭合,继而向两头扩展。当入渗路径出现中间宽两头窄的时候,由于两头的通道首先被水饱和,所以中间较宽部位的空气无法及时排出而被封闭在孔径内,这就是在入渗稳定后土体中仍会残留空气的原因。

关于气体阻渗的研究,许多学者希望通过实验和数值模拟来测定相应边界条件下土中空气影响入渗结果的比重,以此来说明土体中空气的存在对入渗过程不容忽视,并对相关领域已有的研究成果进行改进,将空气阻渗作用考虑在内。李援农等(1997;2002)通过试验研究了积水入渗过程中气阻变化规律和气体对降雨入渗的影响,提出土体中被入渗水体禁锢的气体对入渗水流有阻碍作用,减渗率可达16%。Wang等(1998)通过自然入渗圆桶试验对比发现,空气在水流入渗过程中相对水流运动,会降低水流入渗的速度,并认为自然入渗过程中湿润锋的推进速率受锋前气压和水压相对平衡的控制。张华和吴争光(2009)通过室内一维积水入渗试验,指出积水入渗会导致土体中存在封闭气泡,对水体入渗具有明显的阻碍作用,入渗稳定时的土体含水率只有土样饱和含水率的80%左右。孙冬梅等(2009)在降雨入渗数值模拟中考虑气相的影响,采用气–水两相流模型模拟降雨对非饱和土边坡稳定性的影响,发现在渗流场中考虑基质吸力使得同一滑动面的安全系数增大。

要想深入了解充气阻渗作用,从微观角度对充气阻渗机理进行观察和推理十分必要。非饱和土自然入渗过程中气体对水流入渗的阻碍作用可以通过如图2.5所示的毛细管示意图来阐述。图2.5中(a)～(d)均为简化后的土中毛细管,为方便分析,将毛细管放大。土中气体阻渗作用大致可以分为四种情形。在降雨初期,地表积水刚开始入渗,在地表积水与地下潜水位之间存在广阔的由非饱和土组成的包气带。在土体的毛细孔中,水流从上部开始入渗,毛细孔的上部是不断向下推进的湿润锋,毛细孔下部和潜水位之间存在大量的空气,出现如图2.5(a)所示的情况,毛细管下方均是空气。随着水流的不断入渗,毛细孔下部的空气处在不断压缩状态,随着孔隙气压力的不断增大,气体对上部水流的阻碍作用越来越大,水流的入渗速度会越来越慢。如果气体不能通过其他联通的毛细管排走,随着入渗的继续,会在某个时间点气体压力与毛细管上部水流的静水压力相等,毛细管中的水流入渗速度将会趋近于零。随后部分毛细管中的气体将会以气泡的形式向上运动,即如图2.5(b)所示情形,下方气体的压力迅速减小,入渗水流再继续向下运动;但在部分较小孔径的毛细管中,入渗在气水压力平衡的时候就停止了。在土体中的毛细管往往是不均匀的,在两头窄中间宽的区域,管径较粗的区域容易形成如图2.5(c)所示的气泡;气泡减小了过水面积,水流向下运动的沿程阻力会因气泡的存在而增大,影响水流的入渗速度,且当气泡大小与管径相当时,气泡上下端的水流被阻断,毛细管内的水流很可能因气泡的存在而停止流动。通常情况下,在土体中,可供气水流通的孔隙之间往往存在大量互通的毛细管群,水流的入渗往往存在许多分叉口,但水流会优先从孔隙大且沿程水头损失小的路径向下入渗。当土体内径较大的毛细管存在大量的空气时,水流无法顺利沿此路径向下继续入渗,便会选择孔径较小的毛细管向下入渗,如图2.5(d)所示。这样水流的入渗路径变长、水头损失变大、入渗速度变缓,从而延缓了入渗的进程。

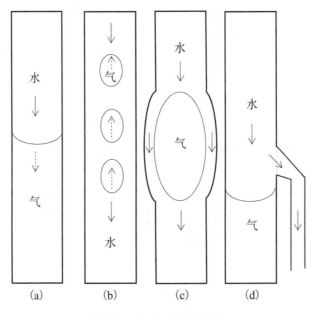

图2.5　自然入渗微观图示

2.3　充气排水运动机理分析

高压气体排水和土壤自然入渗的气水作用具有相似性,气水之间的相互作用机理是一致的。在土体毛细管孔隙中,高压气体会沿着孔隙路径驱动水流运动,使饱和土变为非饱和土。这一过程与水流自然入渗过程正好是相反的。自然入渗过程中,是土体表面的水流沿着毛细管向下入渗,原来的非饱和土逐渐变为饱和土,土体中的空气会不断被水流代替而大量排出地表。而对于高压气体充入土体后,高压气体会驱动土体孔隙中的水流向四周运动,沿充气位置向周围呈辐射状,原来饱和土体逐渐变为含水量不一的非饱和土。但不管是自然入渗还是高压充气,气水之间在土体孔隙中的运动机理都是一致的,孔隙压力大的一方总是趋向于驱走孔隙压力小的一方而占据孔隙。

2.3.1　充气排水运动细观机理

土体中孔隙很小,在细观上会产生类似毛细管的孔隙通道,为毛细作用的形成提供了客观条件,通过毛细作用可以使地下水位以上的部分土体中孔隙充满水或者部分充满水,形成饱和土或者湿土。毛细作用的细观机理是:在毛细管中空气和水的分界面上存在表面张力,表面张力作为动力使水上升,其上升机理如图 2.6 所示。

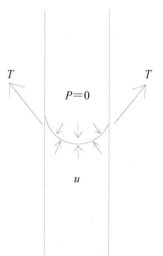

T:表面张力;u:孔隙水压力;P:充气压力

图 2.6　毛细作用

毛细水上升高度可通过力的平衡条件求出,其计算方法为:

$$T2\pi r\cos\alpha + u\pi r^2 = 0 \tag{2-6}$$

$$u = -\frac{2T\cos\alpha}{r} \tag{2-7}$$

其中, r 为孔径, α 为表面张力与管壁的夹角。考虑到毛细管中毛细水的平衡, 可求得上升高度 h_c:

$$h_c \gamma_w - \frac{2T\cos\alpha}{r} = 0 \qquad (2-8)$$

$$h_c = \frac{2T\cos\alpha}{r\gamma_w} \qquad (2-9)$$

由式(2-9)可见, 毛细水上升高度取决于毛细管径、表面张力和接触角 α。

在饱和土体中充气, 由于气、水黏度相差很大, 而且饱和土体中连通的孔隙通道断面大小不一, 在外来压差的情况下, 气体总是优先选择阻力最小的通道流动, 此时伴随的结果就是气体将这些阻力相对小的通道内的水优先排开。当气体进入饱和土体之后, 在气水界面上同样存在表面张力, 与毛细作用机理不同的是充气压力作为动力将水排开, 而表面张力则成了阻力, 受力如图2.7所示。只要土体中气体压力足以克服阻力, 就能起到排水的作用。

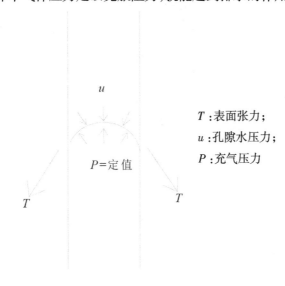

T :表面张力;
u :孔隙水压力;
P :充气压力

图2.7 毛细气排水作用

在地下水位以下饱和土体中设置充气孔充气, 从细观上分析, 气排水可以看作水–气在微细管中流动, 土颗粒表面亲水, 毛管力为气驱水阻力, 且毛管力只在一些特殊的区域起作用, 土体孔隙空间的细观结构杂乱无章, 孔道大小不一, 形状曲折, 使得气在孔隙通道中的驱水速度不均匀, 如图2.8所示, 即在相对孔径比较大的孔道内气排水速度较大, 表现为大孔道内气水界面优先于小孔道内推进, 此过程使得部分孔道内气体首先与大气连通, 与大气连通之后, 气体主要沿这些连通的孔隙通道扩散,其他通道不再发生变化,从而使得剩余饱和度几乎不再变化。因此,在土体内充气会产生"优先流"现象(又称土壤优势流,指土壤在整个渗流边界上接受补给,但水分和溶质绕过土壤基质,只通过少部分土壤体的快速运移;而本书中的含义是指气体只通过部分饱和土体孔隙通道的快速运移),最终使土体由饱和状态变为非饱和状态。

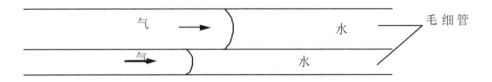

图2.8　孔隙通道中气水界面分布情况

2.3.2　充气排水运动宏观机理

由细观分析可知,土体内气排水过程宏观上属于非活塞式运动过程。假设理想状态下存在供气边界和排水边界,如图2.9所示,在供气边界向饱和土体供气,当气压力足够大时可驱动土体孔道中的水向右侧渗流,供气边界到排水边界一般可分为3个渗流区域,即纯气区、气水两相渗流区和纯水区。整个气排水过程中,随着时间的推移,纯水区不断缩小,气水两相渗流区不断增大,直至土体内气体与大气相通时,纯水区消失,而纯气区的变化可忽略。

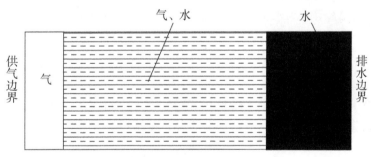

图2.9　气排水宏观状态概念模型

2.4 充气排水压力的确定

2.4.1 充气排水渗流理论分析

早在1856年,法国学者达西(Darcy H)根据砂土的实验结果,发现在层流状态时,水的渗透速度与水力坡度成正比。后来对土体渗透性的研究都是以此达西定律为基础。气体在土体中运动时,必须考虑其压缩性,科林斯(1984)给出了考虑气体压缩性的Darcy定律。因此,气排水在土体孔道中运动仍认为可采用Darcy定律来描述,根据土壤毛细作用理论,推求估算充气排水在孔隙通道内的运动速度表达式。假设充气压力等效为水头而制造水头差驱使地下水流动,为了便于分析,假设发生垂直向上运动,如图2.7所示,设给定的充气压力 P 为常数,此时气压力驱动毛细管内水流动,则合力方向与气压力方向一致,合力 ΔF 为:

$$\Delta F = P\pi r^2 - \left(\gamma_w h\pi r^2 + 2\pi rT\cos\alpha\right) \tag{2-10}$$

其中,T 为表面张力(kN/m);α 为孔道管壁与表面张力夹角;r 为孔隙通道半径(m);h 为气水界面以上的水头高度(m);P 为充气压力(kPa);γ_w 为水的重度(kN/m³)。

将合力 ΔF 等效为水头差作用力,整理得出水头差 ΔH,即

$$\Delta H\gamma_w\pi r^2 = P\pi r^2 - \left(\gamma_w h\pi r^2 + 2\pi rT\cos\alpha\right) \tag{2-11}$$

$$\Delta H = \frac{P}{\gamma_w} - \frac{2T\cos\alpha}{r\gamma_w} - h \tag{2-12}$$

在整个排水过程中,排水路径长度始终为水头高度 h,且随着排水的发生不断变化着,将水头差 ΔH 代入Darcy定律并整理得:

$$v = k\left[\left(\frac{P}{\gamma_w} - \frac{2T\cos\alpha}{r\gamma_w}\right)\frac{1}{h} - 1\right] \tag{2-13}$$

由式(2-13)可知,充气排水速度与水头高度成反比,且随着水的排出(即水头高度的减小)速度逐渐增大直至发生"气窜"("气窜"主要出现在采油工程中,其含义是注入气体的突破现象,而本书中则是指气体与大气连通的瞬间现象),速度与渗透系数和气压力都成正比关系,与孔隙通道半径也成正比。

当施加的充气压力和充气位置一定,发生气排水时,即令式(2-13)大于零,得到:

$$r > \frac{2T\cos\alpha}{P - \gamma_w h} \qquad (2-14)$$

由式(2-14)可知,当充气压力和充气位置一定时,对于渗流孔隙通道大小不一的土体来说,充气排水作用有可能只在部分孔隙通道内发生,而小于等于某孔径的孔道内水不能排出;又由于孔隙通道半径越大,速度越大,并且随着水头减小,速度也增大,因此在土体中相对大孔隙的通道内会产生优先流现象。充气压力越大,排水波及的孔径范围越大,但速度也越大,从而使得发生气窜的时间越短;相反,充气压力越小,排水波及的孔径范围越小,发生气窜的时间越长。充气排水的充气压力是需要合理控制的,并且存在使排水量最多时的最优充气压力。

2.4.2 充气排水起始气压力的确定

在土体内,对于一定孔径的孔隙通道,根据式(2-13),可将充气排水速度等于0时对应的气压力定义为"临界充气压力" P_c:

$$P_c = \gamma_w h + \frac{2T\cos\alpha}{r} \qquad (2-15)$$

通常认为,对土中硅酸盐矿物、纯水和大气来说,表面张力接触角为0°,土体中的表面张力值与温度的关系如图2.10所示。

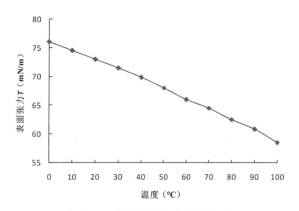

图2.10 温度与表面张力的关系

常温20℃下,根据式(2-15),假设初始水头高度(h_0)为10 m,可得到在饱和土体孔隙通道内发生充气排水时孔隙半径和临界充气压力之间的对应关系,见表2-2。

表2-2 临界充气压力和孔隙半径的关系

$r(\mu m)$	$P_c(kPa)$	$r(\mu m)$	$P_c(kPa)$
0.000 5	292 100	0.5	392
0.001	146 100	1	246
0.005	29 300	5	129
0.01	14 700	10	115
0.05	3 020	50	102.9
0.1	1 560	100	101.5

从表2-2可以看出,在饱和土体中同一水头高度(h_0为10 m)下充气,孔径越小,临界充气压力越大,0.1 μm以下孔径对应的临界充气压力急剧增大,所以把实际土体中最大孔径对应的临界充气压力称为该土体的气排水"起始气压力"。不同的土类在粒径和孔径上的差别很大,例如:砂土的最大孔径在100 μm,起始气压为101.5 kPa;粉土的最大孔径在10 μm左右,对应的起始气压为115 kPa;另外,对于黏粒质量分数很高的黏土,最大孔径在5 μm左右,对应的起始气压为129 kPa。若上述起始充气压力除去水压(10 m水头高度对应的水压为100 kPa)的影响,则值分别为1.5 kPa(砂土)、15 kPa(粉土)和29 kPa(黏土),这与各种土的进气值较为接近。因此,充气法排水起始气压等于水头压力与进气值之和。

采用林成功和吴德伦(2003)现场实验的地层资料(不确定的数据都取平均值),应用上述结论所得的排水起始气压力约为97~107 kPa,与现场实验所得的透气压60~81 kPa相比,考虑误差的影响时认为较接近。上海淤泥质黏土原状土样加载800 kPa时,孔隙半径多集中在0.02~1.00 μm(孔令荣等,2008),应用上述结论所得的排水起始气压约为146 kPa,此值与叶为民等(2005)通过室内实验所得上海饱和黏土气体渗透起始气压力较接近。

2.4.3 充气排水压力上限的确定

土体内充气时,充气压力过大会使土体失稳。然而,在实际边坡工程实践中,任何工程措施都要以边坡稳定为前提条件。因此,在饱和土体内充气排水存在保持土体稳定的上限气压力值。

在饱和土体内打钻孔充气,单孔气体影响区域有限,且气体主要扩散区域分布在进气口正上方位置。为便于分析,将气体扩散区域进行理想简化,简化为如图2.11所示的计算模型,假设气体影响区域宽度为$2a$,研究在气体作用下土体的受力情况。土体都具有一定的黏聚力,当充气气体以一定的压力进入土体时,气压力对影响范围内的土体产生力的作用,而未受到气体影响的周围土体会对气体影响区域内的土体产生阻止其变形的作用,借用大砂基(Terzaqhi)理论进行受力分析。

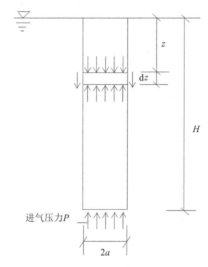

进气压力P

图2.11 充气排水大沙基(Terzaqhi)理论计算简图

如图2.11所示,取地面以下深度z处,取抬动体为宽$2a$,厚为dz的单元土体,进气口以上土体厚H,由垂直方向的平衡条件可以得到:

$$\gamma_{sat}\pi a^2 dz + 2\pi acdz + 2\pi a\lambda\sigma_z \tg\varphi dz = \pi a^2 d\sigma_z \qquad (2-16)$$

整理得出微分方程:

$$\frac{d\sigma_z}{dz} = \gamma_{sat} + \frac{2c}{a} + \frac{2\lambda\sigma_z}{a}\tg\varphi \qquad (2-17)$$

其中,σ_z为计算微元体所受的自重应力;γ_{sat}为土体饱和重度(kN/m³);λ为静止土压力系数;c、φ为饱和土的抗剪强度指标(kPa)。

将边界条件$\begin{cases} z=0, & \sigma_z=0 \\ z=H, & \sigma_z=P \end{cases}$代入式(2-17)可求得进气气压上限值:

$$P=\frac{2c+a\gamma_{sat}}{2\lambda\,\mathrm{tg}\,\varphi}\left[\exp\left(\frac{2\lambda\,\mathrm{tg}\,\varphi}{a}H\right)-1\right] \qquad (2\text{-}18)$$

从式(2-18)可以看出,c、φ、λ、γ_{sat}参数与土性有关,可通过相应的实验方法确定,进气孔位置H可以根据需要设置,是人为可控制的,假定适当的a值就可确定气压力上限。对于a值大小的具体确定尚待实验和数值模拟的进一步研究。

2.4.4 充气排水方法的适用性

从表2-2可以看出,孔径小于0.5 μm时,气排水临界充气压力急剧增加。假设土体孔径均匀,临界充气压力等于起始气压,分别以0.5 μm、1.0 μm和5.0 μm孔径的饱和土体为例,从安全方面考虑,也为简化计算,以饱和自重应力为上限,进行不同深度时气排水临界气压与饱和自重应力对比分析,如图2.12所示。通常土体的饱和重度是18~23 kN/m³,本例中取饱和重度为23 kN/m³。

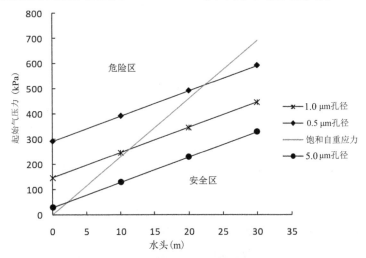

图2.12 各孔径排水起始气压与饱和自重应力的比较

从图2.12可以看出,5.0 μm孔径的土体几乎在任意深度位置的充气排水起始气压力都小于饱和自重应力;1.0 μm孔径的土体只有在深约11 m以下位置处的充气排水起始气压小于饱和自重应力;而0.5 μm孔径的土体则在深约22 m以下位置处的充气排水起始气压小于饱和自重应力,并且在同一深度处充气,孔径越大,边坡越安全;同种土体,充气位置越深越安全。所以,在实际工程中采用充气排水方法,要求土体最大孔径大于5 μm,且充气位置越深越安全。

2.5 边坡充气阻渗截水理论分析

2.5.1 成层土渗流分析

松散堆积土天然边坡往往由渗透性不同的土层组成,宏观上具有非均质性。对于与土层层面平行和垂直的简单渗流情况,各层土的渗透系数和厚度已知时,即可求出整个土层与层面平行和垂直的平均渗透系数,作为渗流计算的依据。

首先考虑与层面平行的渗流情况,考虑水平向渗流时(水流方向与土层平行),如图2.13所示中沿 x 轴方向渗流,各层土的渗透系数和厚度亦如图2.13所示,因为各层土的水头梯度相同,总流量等于各土层流量之和,总的截面积等于各土层截面之和,取单位宽度土层为研究对象,由此可得出水平向渗流平均渗透系数 k_x 为:

$$k_x = \frac{1}{H}\sum_{i=1}^{n}k_iH_i \qquad (2-19)$$

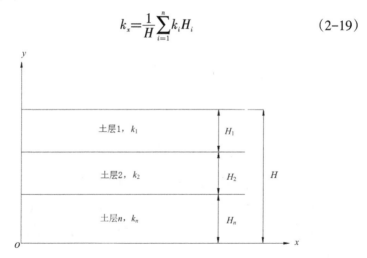

图2.13 成层土的平均渗透系数

考虑竖直向渗流时(水流方向与土层垂直),见图2.13中沿 y 轴方向渗流,此时,各土层的流量相等,并等于总流量,总的截面积等于各土层的截面积,总的水头损失等于各土层的水头损失之和。同理,取单位宽度土层为研究对象,由此得到与土层垂直渗流的竖直向平均渗透系数 k_y 为:

$$k_y = \frac{H}{\dfrac{H_1}{k_1} + \dfrac{H_2}{k_2} \cdots + \dfrac{H_n}{k_n}} = H \Big/ \sum_{i=1}^{n} \left(\frac{H_i}{k_i} \right) \tag{2-20}$$

由上述平均渗透系数公式可见:与土层平行时渗流的平均渗透系数大小受渗透系数最大的土层控制;与土层垂直时渗流的平均渗透系数大小受渗透系数最小的土层控制,如果有一层土完全不透水,则与土层垂直渗流时平均渗透系数为0。

2.5.2 边坡充气阻渗截水分析

为了直观说明边坡实施充气截排水的效果,将此松散堆积体边坡及非饱和区域进行理想简化,如图2.14所示,假设基岩面以上松散堆积体均质,渗透系数为 k_1,当在边坡后缘渗流路径上实施充气排水之后会形成非饱和区域,此区域渗透系数相比初始渗透系数大幅度降低,假设渗透系数为 k_2,且 k_2 远远小于 k_1。

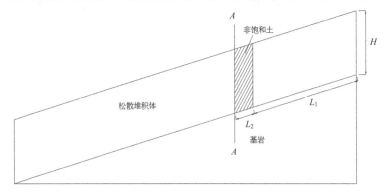

图2.14　充气截水图示

由图2.14可知,当在边坡渗流路径上存在非饱和土层时,此时边坡内的渗流等同于垂直通过不同渗透系数的多土层的渗流情况,为了说明非饱和土层存在时的阻渗截水效果,计算充气前后 A-A 截面的渗流量并进行比较。

令充气前计算单位宽度的单位渗流量为 q_1,充气后为 q_2:

$$q_1 = k_1 i H \tag{2-21}$$

$$q_2 = \frac{L_1 + L_2}{\dfrac{L_1}{k_1} + \dfrac{L_2}{k_2}} i H \tag{2-22}$$

其中,i 为水力梯度,由于 $k_1 > k_2$,所以 $q_1 < q_2$,即入渗到下部的水量减小。由此可见,当充气排水形成非饱和区域时可以起到阻渗截水的作用。

第3章 土体中充气截排水可行性试验

利用气驱水技术进行滑坡截排水是新技术探索，需要加强基础性测试，首先解决技术方法的可行性问题。为此，我们首先设计小试件模型箱，进行土体充气排水和充气截水的一维土柱模型试验，研究对土样充气时影响地下水渗流的方式，为边坡充气截排水技术方法的构建奠定初步基础。

3.1　充气排水可行性试验

根据非饱和土水、气两相渗流理论，当饱和度为100%时，导气系数接近于0，说明饱和土体具有封气特性。因此，在饱和土体中充气时气压会不断积聚，当压力积聚到足以克服水流动的阻力时就可以将饱和土体孔隙中的水沿孔隙通道排开。目前，地下含水层储气库的成功建造及压气新奥法隧道施工技术的应用，也都证实了在岩土体地下水位以下充气可以排水。为了直观地揭示在饱和土体内充气排水的可行性，设计了小试件物理模型，进行饱和土体充气排水试验，分析充气排水的过程。

3.1.1　充气排水试验装置

充气排水试验装置如图3.1所示，主要包括模型箱(有顶盖)、空气压缩机、连接气管、量筒等。为了便于观察，模型箱采用透明的高强度有机玻璃制作，模型箱内土样高70 cm，直径23 cm，进气孔设在模型箱底部，孔径5 mm，出水口设在模型箱顶部侧边。试验所用土样的颗粒级配见表3.1，土样以粉粒为主，经室内试验测得初始含水量为35%。为了防止试验过程中渗流将土颗粒带走，在土样底部和顶部分别设5 cm和

图3.1　充气排水试验装置

10 cm高的碎石过滤层,其中底部的碎石层还起到使气体在土样底部均匀分布的作用。空气压缩机为KY-V型微型空气压缩机,能在0~0.08 MPa内任意设定压力值,最大气体流量为10 L/min。

表3.1 颗粒分析结果

粒径(mm)	>0.500	0.500~>0.250	0.250~>0.075	0.075~>0.005	≤0.005
占土重比例(%)	6.8	5.8	14.3	62.0	11.1

3.1.2 充气排水的可行性分析

首先将土样分层装入模型箱内。由于使粉土土样达到完全饱和状态相对较难实现,所以在装土的过程中,每装好一层就对此层土体进行饱和,每层厚度约5 cm。饱和方法如下:土样装好之后,土样上部装一定量的水,然后进行监测、记录水位变化直至水位相对较长时间不再变动时,认为土体已经饱和。当土样完全装好之后封顶,进行充气排水试验。

第一次进行充气试验时,由于考虑不全面,充气压力设为70 kPa,充气时土体从中下部即刻被抬起。观察发现,抬空区宽度不断增大,且抬空区干燥,顶端排水孔不断有水流出,如图3.2所示。

图3.2 高压充气排水抬空现象

分析试验结果,可以获得两点认识:①土体中的水可以被高压空气挤压而排出,说明充气排水过程是可实现的;②当压入的高压气体压力过大时,可能导致土体发生破坏,在滑坡治理过程中必须避免这种结果的出现。

由于第一次试验出现了试样破坏问题,故需制备完全相同的第二个模型进行试验。充气过程中,充气压力采用从小到大逐渐尝试的方案,首先将最大充气压力值设为 20 kPa,此时尽管充气过程持续实施,但无水排出;然后将最大充气压力值提高到 40 kPa,持续充气并观察排水情况。结果显示,出水口有水流排出且排出的水由清水逐渐变成浑浊水,土体未被抬空(见图 3.3),充气排水过程中土体内有明显的排水通道形成(见图 3.4)。

 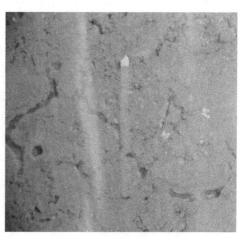

图 3.3　充气排水过程　　　　　　　　图 3.4　气排水通道

分析试验结果同样可以获得两点认识:①对土样实施充气排水存在起始压力,只有充气压力大于起始压力,才能实现气排水过程,对于本次试验,充气排水的起始压力在 20~40 kPa;②在充气排水过程中,气排水往往以管道流的形式出现,随着时间的推移,管道壁的细颗粒被水冲刷带走,说明孔隙通道较大,则阻力较小。

3.2　饱和土柱充气截水试验

通过饱和土体中的充气排水试验,清楚地表明了充气排水是可行的,说明通过向饱和土体中充气,可以改变土体的饱和度。因此,在松散堆积土边坡的渗流路径上实施充气排水,形成含有压气体的非饱和土区域是可以实现的。为了验证此非饱和区域的截水效果,我们设计了小试件物理模型进行充气截水试验分析。

3.2.1 充气截水试验装置及试验步骤

试验模型如图3.5所示,为便于观察入渗过程中土柱的变化,模型桶采用透明的高强度有机玻璃制作,高度为200 cm,内径10 cm,在顶部、中部和底部分别留有进水孔、进气孔和出水口,孔口处装有封气性良好的阀门;充气采用KY-V型微型空气压缩机,最大进气速率为10 L/min;进水管一端连接模型,另一端连接量筒,两端水头差为2 m,土样分别为砂土和含碎石粉土,其颗粒组成见表3.2,土样高175 cm,直径10 cm,顶部和底部都设有碎石过滤层。

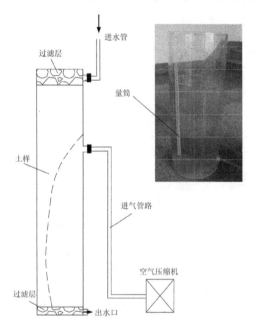

图3.5 饱和土充气阻渗试验模型

表3.2 试验用土的颗粒分析结果

粒径(mm)		>2.000	>0.500~2.000	>0.250~0.500	>0.075~0.250	>0.005~0.075	≤0.005
占土重比例(%)	含碎石粉土	42.4	1.1	9.8	12.2	34.5	0
	砂土	0	0.4	4.3	94.5	0.4	0.4

充气截水试验步骤如下：

（1）饱和土样。将土样放在容器中加水饱和，注意控制加水量。

（2）试样填装。首先向模型底部加入 5 cm 厚碎石垫层以防止土体进入出水口，然后填装试样，填装时以每 20 cm 为一段进行震动捣实，填装至 195 cm 后，砂样顶部放土工布及 5 cm 厚碎石垫层。填装完毕后，用法兰盘将模型顶部封闭，连接进水桶及空气压缩机管道。

（3）自由入渗。先后打开进水阀门和出水阀门，使土样在自然条件下渗流 1 h，然后记录 20 min 内的累积入渗量变化。

（4）充气入渗。打开充气阀门对土样进行充气，待入渗稳定后测量充气条件下 20 min 内的累积入渗量变化。

（5）残余渗流能力分析。关闭充气阀门，让土壤自由渗流 1 h 后，记录 20 min 内累积入渗量变化。

（6）第一组试验完毕，整理试验仪器，换土样进行下组试验。

3.2.2　充气截水效果分析

砂土定水头入渗试验自由入渗阶段，入渗相对稳定，出水口水流无太大变化；充气时，出水口流量先增大后减小，充气孔附近能看到明显的土样由湿土变为干土的排干区，而且非饱和的排干区随充气过程不断扩展至一定范围。充气入渗稳定后出水口流量较自由入渗有显著的减小；结束充气后，土样渗透能力逐渐恢复，但稳定后出水口达不到先前最大值。图 3.6 为砂土在各种条件下累积入渗量的变化曲线。可以看出，充气时砂土的渗透能力较自然入渗有显著的降低，其差值约为 50%；停止入渗再次入渗稳定后，砂土的入渗能力约为自然入渗的 85%。充气入渗时，充气孔附近形成排空区造成过水面积的减小，此外，充气作用使排空区内维持一定的气体压力，可以增大渗流阻力，有效地降低砂土的入渗能力；结束充气后，排水区逐渐被入渗水流充满，但是土体中一定的气体被封闭在孔隙间形成闭合气泡，闭合气泡的存在对入渗能力有一定的削弱，由于均质砂土中封闭气体量比较小，相同时间内闭合气泡造成的减渗量约为 15%。

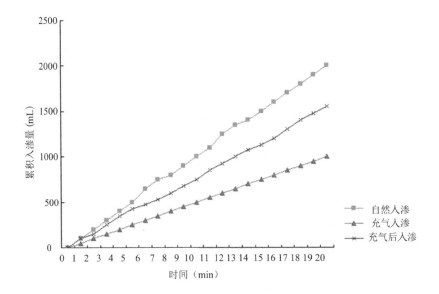

图3.6　砂土累积入渗量变化曲线

含碎石粉土入渗,在自由入渗过程中,出水口水流逐渐增大,土柱中出现明显的渗流管网(见图3.7),随后趋于稳定;充气后,刚开始进水管有少量回流,但回流量较少,随着入渗进行,出水量逐渐减小,当入渗稳定出水口出水几乎停止;停止充气后,含碎石粉土入渗能力很快恢复,与自然入渗相比无太大变化。

图3.8为含碎石粉土在各种条件下累积入渗量变化曲线。从图中可以发现,充气几乎可以造成含碎石粉土入渗的停止,而停止充气后渗透能力很快恢复。这主要是因为含碎石粉土渗透能力取决于渗流通道的形态及数量,其他部分土体渗透能力几乎可以忽略。在充气条件下,气体充斥在整个渗流通道以内,改变了入渗水流流型,造成入渗停止;充气结束后,渗透通道中气体很快逸出,渗透通道重新被入渗水流充满,入渗能力得到完全恢复。

试验结果表明:在饱和土体的渗流路径上进行充气,截水减渗效果良好。细砂入渗充气使得土体入渗能力降低50%,结束充气后,随着气体排出,入渗能力得到一定恢复,但是由于残余气体的存在,稳定后约为原来最大值的85%;含碎石粉土入渗过程中,由于长时间的渗流作用,土体中会形成渗流通道,在充气作用下渗流几乎停止,结束充气后,由于含碎石粉土中残余气体很快逸出,很难形成闭合气泡,因此渗流能力很快恢复。所以,充气结束后残余气体对入渗能力的影响与土体特性密切相关,要保证较好的充气阻渗效果,足够的气体补充是必要的。

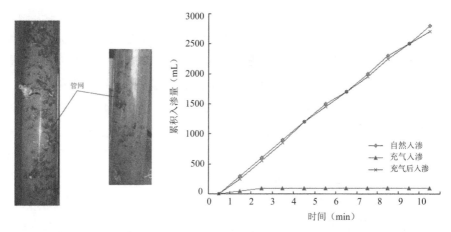

图3.7　含碎石粉土渗流管网　　　　图3.8　含碎石粉土累积入渗量变化曲线

3.3　非饱和土柱充气阻渗试验

自然界中,土体往往是非饱和的,降雨多样性造就了入渗条件的多样性,入渗是一个涉及两相流的过程。对饱和土体进行充气破坏了土体的饱和渗流,使其成为非饱和渗流。高压充气截排水技术可以用于强降雨下的抢险措施,在强降雨条件下地表往往存在积水并产生典型的积水入渗现象。本节主要结合非饱和入渗理论,进行一维土柱积水入渗试验,观察充气对非饱和土体积水入渗的影响,并对充气阻渗效果进行分析。

3.3.1　充气对入渗影响的试验方法

试验系统由模型桶、马氏瓶、空气压缩机和土壤湿度测试系统构成,如图3.9所示。为便于观察入渗过程中湿润锋面的变化,高80 cm、直径23.5 cm的模型桶采用透明有机玻璃制作,底部设有充气孔,顶部设

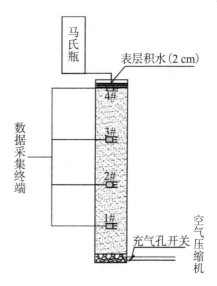

图3.9　土柱积水充气入渗试验装置

33

有溢流孔以控制积水深度。模型桶内土柱高60 cm,模型材料为均质细砂,重度为19 kN/m³,孔隙比为0.79,初始容积含水量14.3%。空气压缩机为KY-V型微型空气压缩机,排气量10 L/min,充气气压设定为10 kPa。压缩机设有气压表盘,气压表盘读数为气缸内气压,可以间接地反映出湿润锋前气压的变化。土壤湿度测试系统由4只TM-100土壤湿度传感器、YM-01B多点记录仪及相关数据采集设备组成,记录仪的另一端连接计算机,可以实时观测并记录数据。试验过程中,土柱表层积水深度保持为2 cm,1#～4#土壤湿度传感器分别埋设在距土柱底部10 cm、25 cm、45 cm和60 cm处。

试验采用自然入渗和充气入渗对比方案,基本操作步骤如下:

(1)试样填装。先在模型桶底部铺设5 cm厚碎石垫层,垫层上放置土工布以防止试样进入进气孔。将试样均匀装入土柱桶内,每10 cm用橡胶锤捣实,捣实前对下层土表层进行刮毛处理。

(2)设备安装及调试。将进水桶放在指定高度,连接进水管、充气孔管道。注意进水阀门和充气阀门保持关闭。将传感器与数据采集终端连接,打开数据采集软件,设置采集数据频率为1次/min,数据采集与时钟同步。

(3)自然入渗。保持充气阀门关闭,打开进水孔阀门,使土样表面积水为2 cm,试验开始进行。试验期间控制好进水孔阀门,使进水量与入渗量大致相等,在试验过程中,记录进水阀门打开时间作为入渗开始时间,前30 min每1 min记录供水桶标尺、溢流孔下量筒读数和湿润锋深度一次,30～60 min及60 min后数据采集频率分别为1次/2 min和1次/5 min。由于在入渗过程中会产生不均匀流动,试验中湿润锋的深度测量在土柱的同一位置。湿润锋到达土体底部后,当供水桶读数在10 min内无变化时,记录该时刻各测量参数的值,自然入渗试验结束。

(4)充气入渗。充气入渗首先进行步骤(1)和(2),然后进行充气入渗试验。试验过程保持空气压缩机和充气孔开启。试验结束后整理试验装置及清理场地。

3.3.2　入渗现象与湿润锋面发展过程

在自然入渗条件下,入渗开始时,土壤含水量较低,积水全部渗入土体,土体表面无气泡冒出,小段时间后有少量气泡陆续冒出。随着入渗的进行,表层土壤含水量不断增加,气体渗透系数降低,湿润锋前气体被压缩,压力不断增大。当湿润锋前气压增大到一定值后时,湿润锋面最大孔隙界面入渗停止,随着气压继续增大,尤其是湿润锋面在土壤表层并且湿润锋面上下土体因含水量不同具有较大的力学性能差异时,气体将土体托起而产生横裂缝。横裂缝的产生会造成入渗水流的间断,横裂缝的形态随着湿润锋前气压变化不断发展。本次试验中,入渗4 min时离表层5 cm处出现局部横裂缝,6 min时横裂缝贯通整个断面,在9 min时达到最大宽度,此时,湿润锋前气压增大至气体突破压力,气体突破上层土体形成纵向排气通道,大量气泡冒出。随后气压消散,排气通道闭合,横裂缝几乎消失,横裂缝形态如图3.10所示。排气通道的形成会对土体结构产生一定的破坏并携带少量砂体到土柱表面。随着时间的推移,在同一位置横裂缝张开闭合重复出现,但是其宽度已经达不到9 min时的裂缝宽度。29 min时离表层5 cm处的横裂缝演变成闭合气泡,在离表层10 cm处又出现新的横裂缝,其发展过程与5 cm处相似。入渗稳定后,闭合气泡随着入渗不断增大,气体由下向上传导,形成排气通道并逸出。

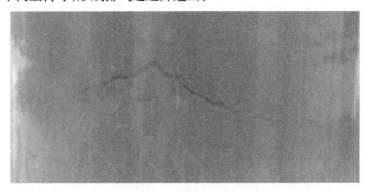

图3.10　自然入渗裂缝形态

充气入渗开始时表面即有气泡冒出,相对于自然入渗更加剧烈。入渗1 min时离表层2 cm、5 cm处出现局部横裂缝,随后闭合形成气泡;3 min时9 cm处湿润锋面出现贯通横裂缝(见图3.11),横裂缝不断发展变宽,达到最大宽度后在横裂缝以上形成排气通道,贯通横裂缝局部闭合。排气时大量气体冒出同时将通道周围的土体携带至表面。充气入渗过程中,横裂缝和排气通道一直存在并保持一定的形态,土体表面持续有气泡冒出。

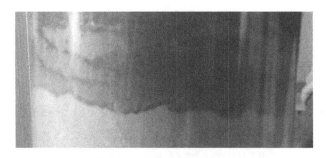

图3.11　充气入渗裂缝形态

　　自然入渗条件下,横裂缝在气体突破后很快闭合,演变成局部的闭合气泡,随着入渗过程中湿润锋前气压的变化,在土柱表层还会出现一系列局部横裂缝,但规模较小,在湿润锋面推进至土柱中部以后几乎不再出现;充气入渗过程中,横裂缝产生后在较长时间内能够维持一定的形态,对入渗的影响较大,随着入渗进行,横裂缝先扩展后逐渐闭合,入渗至土柱中部以后,横裂缝完全闭合,气体突破排气后形成的排气通道在主动的气体补充作用下存在于整个入渗过程。与自然入渗相比,充气入渗时湿润锋面有一定的不规则形,入渗锋面波动较大,两种入渗湿润锋面形态分别如图3.12和图3.13所示。

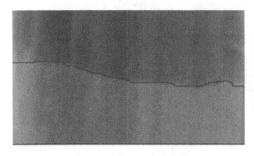

图3.12　自然入渗湿润锋面

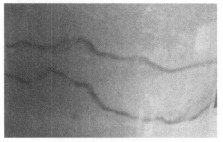

图3.13　充气入渗湿润锋面

　　自然入渗与充气入渗相比,入渗湿润锋推进速率有较大的差别。图3.14为两种入渗方案湿润锋推进速率随时间变化趋势,圆滑实线为拟合曲线。自然入渗和充气入渗湿润锋推进速率均随时间推移逐渐减小,充气入渗湿润锋推进速率明显小于自然入渗。比较两种入渗方案,自然入渗组模型在80 min后湿润锋即到达试验模型的底部,而充气入渗组模型用时370 min,说明充气作用明显减小了湿润锋的推进速度。

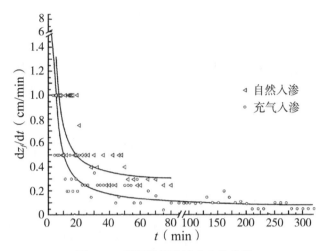

图 3.14 湿润锋推进速率变化曲线

对湿润锋推进速率数据进行曲线拟合,得如下方程:

自然入渗:$\dfrac{\mathrm{d}z_f}{\mathrm{d}t}=\dfrac{-4.02867-0.25t}{1-t}$ （3-1）

充气入渗:$\dfrac{\mathrm{d}z'_f}{\mathrm{d}t}=\dfrac{-9.91804-0.13916t}{1-2.16152t}$ （3-2）

由图 3.14 可见,在开始试验阶段,自然入渗和充气条件下入渗的湿润锋推进速率均较大,并很快减小到趋于一个较低值。分析式(3-1)和式(3-2),在 10、20、40 和 80 min 时,自然入渗湿润锋推进速率分别为 0.72、0.47、0.36 和 0.25 cm/min,而充气条件下入渗分别为 0.55、0.30、0.18 和 0.12 cm/min,显然充气作用大幅降低了湿润锋推进速率。80 min 后,自然入渗湿润锋推进到达了模型的底部,而充气条件下湿润锋推进过程仍未结束,到 300 min 以后湿润锋推进速率仅有 0.08 cm/min。

自然入渗开始时,气体可以从土体表面自由逸出,从而湿润锋推进速率较大,随着表层土饱和度的增加,下部气体被封存,是导致湿润锋推进速率急剧减小的主要原因。充气入渗时气体对土体表面有较大的扰动,所以在充气入渗情况下湿润锋推进速率第一次稳定前有明显的波动,入渗过程中湿润锋前气压的变化是造成波动的主要原因,图 3.14 可以间接反映出湿润锋前气体压力的变化。依据图 3.14 反映的结果,可以清晰地看到充气作用明显减缓湿润锋的推进。

3.3.3　入渗过程中土体容积含水量变化

对充气阻渗的效果,还体现在对入渗土体容积含水量的影响。考察自然和充气两种方案,湿润锋推进至传感器所在位置时的土体容积含水量(θ_v和θ'_v)和湿润锋推进至土柱底部时的土体容积含水量(θ_f和θ'_f),结果如表3.3所示,可以清楚地看到,充气作用不仅降低了湿润锋的推进速度,还使处于湿润锋推进后的土体容积含水量降低。

表3.3　湿润锋推进过程传感器容积含水量变化

参数(%)	传感器标号		
	3#	2#	1#
θ_v	68.7	69.3	65.9
θ'_v	64.9	60.4	53
$\theta_v - \theta'_v$	3.8	8.9	12.9
θ_f	77.3	72.1	66.5
θ'_f	74.9	69.7	53
$\theta_f - \theta'_f$	2.4	2.4	13.5

从表3.3的实测数据看,土壤容积含水量随湿润锋深度降低,考虑数据量较少,对容积含水量数据进行线性拟合,得到湿润锋推进过程中锋后土壤容积含水量变化方程:

自然入渗: $\theta_v = 70.43514 - 0.07405 z_f$ （3-3）

充气入渗: $\theta'_v = 70.55946 - 0.333782 z_f$ （3-4）

比较式(3-3)和式(3-4)可以发现,自然入渗试验中,各深度湿润锋处土壤容积含水率并无太大变化,自然入渗过程中土体中气体随着入渗排出,湿润锋前气压在小范围内波动,因而各深度容积含水量基本相同;充气入渗试验中,土壤容积含水量随深度发展有明显差别,说明在充气作用下土体内气压能够维持一定的梯度。充气作用减小了湿润锋处土壤容积含水量,使得过水面积减小从而降低了入渗率。

比较θ_v和θ_f发现,湿润锋推进至土柱底部时土壤各深度容积含水量都有所增大,说明在入渗过程中湿润锋推进时还伴随着水分传导,土壤含水量变化是一个动态的过程,由于该过程对入渗量影响较小,所以在对试验数据处理时忽略了该部分的影响。

综上所述,充气作用下土体中维持一定的气压梯度,气压降低了湿润部分土体含水量,一方面可以减小过水面积、增大渗流路径长度进而降低入渗率,另一方面较低的含水量对保持土体力学性能有积极的作用。

3.3.4 阻渗效果评价

1911年,Green最早提出了入渗理论,并基于入渗土以湿润锋为界面分为干湿两个区域等假设建立了具有物理基础的Green-Ampt入渗模型。其基本公式如下:

$$i_w = K_s \frac{h_w + h_{cf} + z_f}{z_f} = (\theta_s - \theta_f)\frac{\mathrm{d}z_f}{\mathrm{d}t} \tag{3-5}$$

其中,i_w为入渗率;K_s为土壤表观饱和渗透系数;h_w为土壤表面作用压力水头;h_{cf}为有效毛细水头,与湿润锋下初始毛细压力值相关;z_f为概化湿润锋深度;t为入渗时间;θ_s为湿润区含水率即饱和含水率;θ_i为湿润锋前含水率即初始含水率。

Green-Ampt入渗模型是在土孔隙气相连续、气体可以自由排出和进入、气相压力恒等于大气压力等假设条件下提出的,由于其公式简单、物理概念明确,所以该模型得到了广泛的应用。现有的两相流研究大多也是在此基础上进行的。但是已有研究结果表明,入渗过程中气体压力是变化的,而且气体在运动过程中对入渗水流有明显的阻滞作用,在某些情况下这种作用是不能忽略的,因此想要更好地描述土壤入渗过程需要考虑气压的影响。1994年,Grismer在Green-Ampt模型的基础上提出了考虑水流与气流黏滞效应、气体压力影响的入渗理论,并在入渗方程中加入气压项,得到:

$$i_w = \frac{K_w}{\beta}\left\{\frac{h_w + h_{cf} + z_f - h_a}{z_f}\right\} \tag{3-6}$$

其中,h_a为湿润锋前气体压力水头;β为黏滞修正系数,通常取值1.1~1.7。

充气条件下,入渗率的物理意义不会发生变化,与式(3-5)结构统一,并将气压对入渗的影响考虑在对湿润锋面发展影响上,则由式(3-6)得:

$$i_w = \frac{K_w}{\beta}\left\{\frac{h_w + h_{cf} + z_f(h_a, t)}{z_f(h_a, t)}\right\} = \alpha(\theta_s - \theta_i)\frac{\mathrm{d}z_f(h_a, t)}{\mathrm{d}t} \tag{3-7}$$

其中,$z_f(h_a, t)$为湿润锋位置在气压h_a作用下随时间发展方程;α为考虑气流黏滞效应的修正系数。

此外,由于反向气流和气压的存在,在入渗过程中土壤不可能达到饱和,因此式(3-6)中θ_s取饱和含水率是不合理的。考虑气压对含水量的影响,得到入渗方程：

$$i_w = \alpha\left[\theta_s(h_a, z_f) - \theta_i\right]\frac{\mathrm{d}z_f(h_a, t)}{\mathrm{d}t} = \alpha f(h_a, t) \tag{3-8}$$

其中，$\theta_s(h_a, z_f)$为在气压h_a作用下湿润锋面发展至z_f时的湿润土体含水量。

从式(3-8)可以发现，当气压h_a不变时，i_w由t唯一决定，若在充气入渗试验过程中保持充气气压恒定，实时监测θ_s、z_f的变化，则可以得到气压作用对入渗土体含水量和湿润锋面发展的影响，在此基础上可对充气阻渗效果作出一个合理的评价。为了对充气阻渗效果进行定量评价，定义评价函数：

$$R = F(ha, t) = i_w(t)/i'_w(h_a, t) \tag{3-9}$$

其中，$i_w(t)$与$i'_w(h_a, t)$分别为自然条件与充气情况下土壤的入渗率。

R值越大，证明该气压作用下充气阻渗效果越好，对式(3-1)和式(3-2)进行积分后分别代入式(3-3)和式(3-4)，将得到的$\theta_s(t)$和$\theta'_s(h_a, t)$结合式(3-1)和式(3-2)代入式(3-5)得$i_w(t)$、$i'_w(h_a, t)$，然后代入式(3-9)，最后化简得本次试验条件下的评价方程：

$$R = \frac{30t^2 + 468t - 223}{\left[54.5 - 1.54\ln(t - 0.46)\right]\left(0.14t^2 + 9.78t - 9.92\right)} \tag{3-10}$$

评价函数值R随时间t变化曲线如图3.15所示。

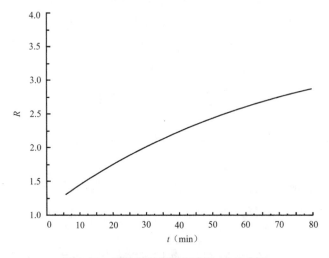

图3.15　评价函数值R随时间t变化曲线

从图3.15中可以看出，阻渗效果在开始阶段随着时间增长较快提高，随后的效果提高速率略有下降。入渗20 min、80 min时，充气情况下入渗率分别为自然入渗的1/2、1/3,说明充气对降低土壤入渗率有显著的作用。

由于自然和充气两种入渗方案的入渗时间存在较大差异,仅仅从时间上考虑充气阻渗效果是不全面的,还要以湿润锋深度为参考对象分析充气阻渗效果。充气阻渗效果随入渗深度变化评价参数 $R'(z_f)=i_w(z_f)/i'_w(h_a,z_f)=i_w(t_1)/i_w(t_2)$,其中 t_1、t_2 分别为自然和充气情况下入渗至 z_f 时所用的时间。每入渗5 cm取一数据点,得 R' 变化曲线,如图3.16所示。

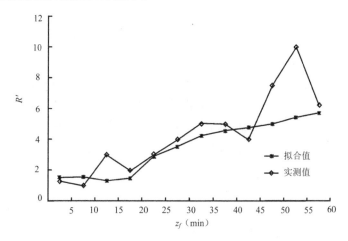

图3.16　评价参数 R' 随入渗深度变化曲线

由图3.16可以看出,在表层入渗时充气阻渗效果不是非常明显,随着湿润锋的推进阻渗效果越来越好。因为表层入渗时气体破坏了土体结构,形成了固定的排气通道,气体不能封闭在土体孔隙中,因此阻渗效果稍差。当入渗进行到一定深度时,更多的气体被封闭在土体孔隙间运动,减小了过水面积,增长了渗流路径,在气压和反向气流的阻滞作用共同影响下,入渗增量急剧降低。评价参数拟合曲线和实测曲线有相似的变化趋势,说明了该评价方法的合理性。

从充气对湿润锋推进和入渗土体含水量两个方面的影响分析充气阻渗效果,并以两种条件下入渗率比值作为阻渗效果定量评价参数,结果清楚地表明,充气阻渗效果是显著的,阻渗效果随着时间和湿润锋的发展不断增强。

3.4　粉质黏土渗透性及导气率物理模型试验

岩土体具有透气性是压入高压气体的前提条件,通过对不同岩土类型透气性测定,掌握不同岩土类型的透气特性,可为充气截排水模型试验和工程方案实施的充气管布置奠定基础。岩土体封气特性也是滑坡高压充气截排水的重要基础参数,将影响高压气体在坡体中的传递方式和扩散范围。由于黏性土的孔隙细小,毛细作用会限制高压气体的通过,不同类型土的透气性和封气性将会有很大的差别,高压充气截排水的压力要求也将不同。

坡体岩土类型结构复杂,从调查收集的资料看,多数滑坡体的岩土类型是含碎石黏性土,获取代表性试样往往很困难。但对于高压充气截排水的工程要求,并不需要严格意义上的岩土透气性和封气性参数,而是需要掌握岩土透气性和封气性的量级概念和不同岩土的相对差异性。开展岩土的透气性和封气特性测试属非标准测试,仅就它们的规律性进行测试研究,为高压充气截排水方案实施奠定基础。下面通过物理模型试验研究粉质黏土的透气性能和透水性能,并分析两者之间的关系,旨在丰富充气截排水技术的研究内容,为更进一步研究岩土体的封气和透气性能打好基础。

3.4.1 土体导气率公式

地下水渗流达西定律的微分形式:

$$v = -\frac{k}{\mu}\frac{dH}{dx} \tag{3-11}$$

其中,v 表示渗流的速度;k 表示渗透系数;H 表示渗透的水头高度;x 表示渗流方向上的长度。

式(3-11)可以变化成下式:

$$v = -\frac{k}{\mu}\frac{dp}{dx} \tag{3-12}$$

其中,p 表示渗透气体的压力;x 表示渗透路径长度;$\dfrac{dp}{dx}$ 表示单位渗透路径长度上的压力变化。

气体在土体空隙介质中流动时,同样满足达西定律。但由于气体体积与压力相关,所以必然会引起气体的体积发生变化。

当以体积流量 Q 表示时:

$$Q = -kA\nabla\varphi = -kA\nabla\frac{p}{\rho g} \tag{3-13}$$

再依据Carman方程：

$$\frac{K}{\rho g}=\frac{\kappa}{\mu} \tag{3-14}$$

其中，K为渗透系数；κ为多孔介质渗透率；μ为相应流体的黏滞系数。

将式(3-14)代入式(3-13)中，整理可以得到：

$$Q=-\frac{\kappa}{\mu}A\frac{\mathrm{d}p}{\mathrm{d}x} \tag{3-15}$$

假定气体在土壤中运动时呈一维流动，上式可以积分得到：

$$Q(X_1-X_2)=-\frac{\kappa}{\mu}A(P_1-P_2) \tag{3-16}$$

代入边界条件：$X_1=0\text{ m}$，$P_1=P$；$X_2=0.5\text{ m}$，$P_2=0$（即为大气压），得到：

$$\kappa_a=\frac{0.5\times\mu\times Q}{PA} \tag{3-17}$$

其中，μ为空气的黏滞系数(Pa·s)；P为试样充气时的压力(Pa)；A表示横截面积(m^2)；Q为气体流量(m^3/s)；κ_a为土壤的导气率(m^2)。

由式(3-17)得到一定含水率下的导气率。在实际工程以及一些岩土软件中，有时需要知道干燥状态下土体的导气率K_{a-d}。Brooks(1964)提出了式(3-18)：

$$K_a=K_{a-d}(1-S)^{0.5}(1-S^{\frac{1}{q}})^{2q} \tag{3-18}$$

该方程已在岩土工程软件Geo-Studio中得到运用。通过式(3-18)可以将一定含水率下的导气率K_a换算成干燥状态下的导气率K_{a-d}。

3.4.2 模型试验条件和步骤

试验采用的装置包括圆柱形试样桶、法兰盘压重、空气压缩机、稳压气筒、恒压水桶、量筒以及刻度尺等。物理试验模型如图3.17所示，其总体组成部分的模型试验简图如图3.18所示。试验所用土样为粉质黏土，共三组土样，其物理基本参数见表3.4；通过移液管法进行颗分试验，其颗粒组成见表3.5。

图3.17　物理模型试样和稳压气筒

图3.18　物理模型试验系统结构

表3.4　土样基本物理参数

土样	充气前的含水率	湿密度(g/cm³)	干密度(g/cm³)	土颗粒比重 G_s
1	23.52%	1.96	1.62	2.71
2	25.00%	1.93	1.58	2.7
3	22.46%	1.99	1.65	2.7

表3.5　土样颗粒组成

占土重的百分比(%)	粒径(mm)				
	2.000～>0.500	0.500～>0.250	0.250～>0.075	0.075～>0.005	≤0.005
土样1	16.5	12.4	6.8	40.5	23.8
土样2	15.4	11.7	8.8	40.7	23.4
土样3	18.6	12	9.8	39.4	20.2

（1）试样筒

采用有机玻璃制成的圆柱形试样筒如图 3.17 所示，外径 20 cm，壁厚 0.5 cm，长 60 cm，距底部距离 55 cm 处开有侧向阀门，试样筒底部开有竖向阀门，用来连接稳压气筒。

（2）法兰盘压重

为防止粉质黏土试样在试验过程中被抬起，在试样筒的顶部加了法兰盘压重装置，通过周围的 12 个螺栓紧紧地将其固定住，可有效地防止试样在试验过程中被抬起，如图 3.19 所示。

图3.19　法兰盘压重及阀门

（3）微型空气压缩机

试验过程中的充气装置采用 KY–V 型微型空气压缩机，可以在 0～0.08 MPa 内任意设定压力值，精度为 ±0.005 MPa 。通过一根柔性塑料管将空气压缩机和稳压气筒连接起来，该管采用 PU 软管，外径 8 mm，内径 5 mm。

（4）稳压气筒

采用有机玻璃制成的透明圆柱形筒（见图 3.17），外径 35 cm，厚度 0.5 cm，长 100 cm，距离两端侧壁 15 cm 处共有 3 个阀门，分别为阀门 1、阀门 2 和阀门 3。在稳压气筒一侧贴有厘米刻度尺。其原理为：稳压气筒中装有一定压力的气体，该气体压力等同于恒压水桶中水头高度引起的水压。当气体流出时，气筒中压力减小，使得水流从恒压水桶中持续不断地流入稳压气筒，确保稳压气筒中的气体压力时刻保持恒定。试验过程中，将刻度尺粘贴在稳压桶侧壁，通过读取刻度来观察并计算稳压桶中水的流量变化，进而求解出气体体积的变化。

根据刻度读数结合积分可以很方便地求出进入稳压气筒中水的体积,其求解公式为:

$$v = 100 \times \int_{a-29.75}^{b-29.75} 2\sqrt{17.25^2 - y^2} \, dy \qquad (3\text{-}19)$$

其中,a 表示第一次读数;b 表示第二次读数;v 表示进入稳压气筒中水的体积。由于气体流出的体积等于进入稳压气筒中水的体积,所以求出了水的体积也就得到了气体溢出的体积。

（5）恒压水桶

恒压水桶通过一端与水龙头相连接,保证水流持续流入,另外一侧有开口,当水流超过开口高度时,水流就通过开口流走,从而保证水位保持稳定。

（6）量筒

在试验测定饱和渗透性阶段,量筒用来测量一定时间内渗流出的水的流量,根据公式计算出饱和渗透系数。

模型试验的具体步骤如下:

1）土的预处理。先将土过 2 mm 的筛子进行预处理,得到用于制备试样的土样。

2）试样制备。在试样筒底部铺设 5 cm 厚的碎石子,以保证充气时,试样能够均匀受到气压作用。然后采用每层 800 g 土壤分层铺设,锤击均匀,直到土柱高度达到 50 cm。接着在土样上方铺设碎石子,盖好顶部法兰盘并用螺栓拧紧,以防充水和充气时试样发生破坏。

3）饱和渗透性测定。恒压水桶直接连接到试样筒下部阀门上,在水渗透作用下,2～3 d 后试样达到饱和,接着测定一定时间内通过试样的水流量,计算饱和土样的渗透性。

4）启动充气。按照图 3.18 连接好装置。先关闭阀门 1 和阀门 3,打开阀门 2,利用空气压缩机往稳压气筒中注入不同的气压。然后打开阀门 1 和阀门 3,同时关闭阀门 2,则气体就会从试样中溢出,相应地,水会持续地从恒压水桶中流进稳压气筒中。通过读取稳压气筒表面上的刻度值,就能换算出气体的流量。通过改变恒压桶的高度,以及空气压缩机的充气气压来达到测定不同气压下试样导气率的目的,并记录试验现象。

5）测取数据。充气 5～7 d,记录不同充气压力作用下,气体流量随时间的变化数据。

6）处理并分析数据。根据气体流量计算一定含水率下的导气率 K_a,对比

饱和渗水系数 K_w 并拟合出两者的关系式。在实际工程或者一些岩土软件中，有时需要知道岩土体在干燥状态下的导气率，为了能直接用 K_w 大致估算干燥状态下的导气率 K_{a-d}，根据公式(3-18)计算出导气率 K_{a-d}，并与 K_w 进行数量级对比。

3.4.3　试验现象和基本认识

当充气压力取 12 kPa 时，持续一天，稳压气筒中水位仍无变化，这说明此压力下无气体经试样渗出，也不能驱动试样中的水向上渗流。增大充气压力到 18 kPa，观察到大约在 5～6 h 后，稳压筒中的水位开始缓慢上升，表明气体开始进入土体试样并驱动试样中的水缓慢向上渗流。继续提高充气压力到 24 kPa，发现在此压力作用下约 4 h 稳压筒中水位开始发生变化，水位上升速度适中，且能观察到偶尔会有气泡从试样顶部冒出。这表明，气体从试样中渗出的速率比之前有明显提高。之后，又将充气压力提高到 45 kPa 和 60 kPa，稳压气筒中的水位上升速度越来越快，能明显观察到气泡从试样顶部冒出。

在试验过程中，改变充气压力大小，发现充气压力越大，气体的渗透速度越快。此外，气体开始从试样中渗出的初期，气体流速变化幅度较大，这是由于试样底部有碎石子，充气尚没有形成稳定的渗流。当试验进行到 50 h 左右时，渗流速度趋于稳定。为方便后面结果表述，将导气率对数随时间变化的关系绘成图 3.20。

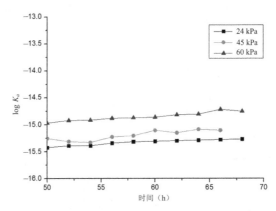

图 3.20　气体渗流稳定后导气率对数随时间的变化关系

根据试验得到的数据，将气体流速与气体压力进行线性拟合，拟合度 0.9775，渗气速率随充气气压的变化关系如图 3.21 所示。

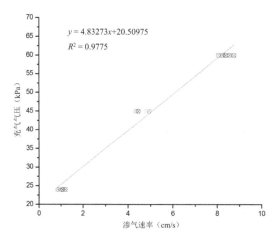

图3.21 渗气速率与充气气压的关系

根据上述试验过程中记录的主要现象分析可以得出以下基本认识：

（1）对于粉质黏土，水的渗透和气体的渗透均存在一个初始启动压力。

（2）不同充气压力下，气体的入渗速率不同且气体的入渗速率与气压大小呈正相关。如图3.21所示的拟合结果显示气体渗透的起始气压约为21 kPa，且渗气速度与充气压力呈现线性关系。这与试验现象中充气压力小于18 kPa时无气体渗透以及充气压力越大气体渗出速度越快现象相符。

（3）充气结束后，将试样取出，通过实验室测定土样的饱和度，显示此时土样的饱和度约为68.74%。可见，充气能明显改变土的饱和度，饱和度降幅达32%左右。

3.4.4 导气率与饱和渗水系数之间的关系

国外学者Loll等（1999）利用100 cm³的土样研究了饱和渗水系数 K_w 和导气率 K_a 的关系，最先给出了两者之间的对数线性关系式：$\log(K_w) = \alpha \log(K_a) + \beta$，其中 α、β 为拟合参数。下面根据本次试验测定的气体流速计算导气率 K_a，再结合试样的饱和渗水系数 K_w 来分析导气率和渗透性之间的关系，确定对数线性关系中的拟合参数 α 和 β 值，并与前人的研究情况进行对比。充气压力为24 kPa、45 kPa和60 kPa时饱和渗透系数和导气率的对数关系拟合情况如图3.22～图3.24所示。

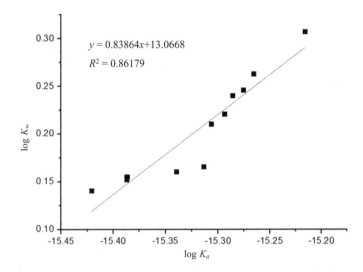

图3.22　充气压力为24 kPa时饱和渗透系数和导气率的对数关系

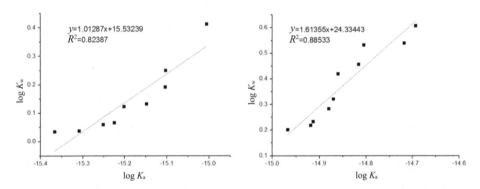

图3.23　充气压力为45 kPa时饱和渗透系　图3.24　充气压力为60 kPa时饱和渗透系
数和导气率的对数关系　　　　　　数和导气率的对数关系

　　由图3.22～图3.24可以看出,当充气压力为24 kPa、45 kPa和60 kPa时数据
拟合度分别为0.86179、0.82387和0.88533,不同充气压力下,饱和渗透系数和导
气率均较好地呈现出对数线性关系。为便于对比,将前人研究结果中的拟合参
数 α 和 β 值列在表3.6中,本次试验的拟合结果见表3.7。

表3.6　不同研究中导气率和渗水系数的对数关系

（Iversen et al.，2001；Loll et al.，1999；王卫华等，2009）

$\log K_w$ 与 $\log K_a$ 的关系		R^2	精确度
α	β		
1.27	14.11		±0.7
0.94	10.90		±1.4
1.29	14.55		±1.2
1.38	15.11		±1.3
1.22	13.93		±0.7
0.8375	−3.5458	0.8538	
1.6585	−3.2307	0.8543	
1.1349	−3.6232	0.8659	

表3.7　本试验导气率与渗水系数的对数关系

$\log K_w$ 与 $\log K_a$ 的关系		R^2
α	β	
0.8618	13.0668	0.8618
1.0129	15.5324	0.8239
1.6136	24.3344	0.8853

对比表3.6和表3.7可以发现，不同研究成果中拟合参数 α 与 β 均有差别。这是因为土质不同，Loll、Iversen 等所用土质为砂土，王卫华等所用土质为粉土，而本试验土质为粉质黏土。除此之外，还因为试验所用土样属于重塑土，这在一定程度上改变了土壤结构。

根据得到的导气率 K_a 以及饱和渗水系数 K_w，利用式(3-18)可以计算出干燥状态下的导气率 K_{a-d}，通过计算 $\log\dfrac{K_{a-d}}{K_w}$ 可以得到二者量级之间的关系。对比结果见表3.8。由表3.8可以看出导气率 K_{a-d} 比渗水系数 K_w 大2~3个数量级。

综上所述，达西定律在粉质黏土中同样适用，且渗气和渗水均存在一个启动压力，超过启动压力后，导气率和饱和渗透性呈对数线性关系。通常饱和渗透性参数是通过渗透性试验获得，这需要花费很大精力，有些工程条件下这种试验甚至无法进行。将根据瞬态气压法原理制作的仪器插入土质中，利用记录的封闭端压力随时间的变化关系,结合模型能很方便地计算出导气率,且所需时间短,操作简便。利用试验得到的线性关系可以由导气率推算饱和渗水系数,再结合土水特性曲线预测非饱和状态下的渗透性,可以大大节省时间。另外,根据得到的导气率计算出干燥状态下的导气率 K_{a-d},并与饱和渗水系数进行了数量级的比较,为需要 K_{a-d} 参数的部分工程或者相应的岩土软件提供参考。

表3.8　不同充气压力条件下导气率 K_{a-d} 与渗透性 K_w 的量级比较

充气压力	24 kPa	45 kPa	60 kPa
$\log\dfrac{K_{a-d}}{K_w}$	2.83	3.12	2.41
	2.89	2.69	3.17
	2.86	3.14	2.81
	2.79	3.06	3.20
	2.53	3.27	2.90

第4章 砂土边坡充气截排水模型试验

大部分滑坡是由降雨导致坡体地下水位上升引起的,其中许多滑坡的地下水主要来源于降雨形成的丰富的后缘地下水入渗。因此,拦截坡体后缘的地下水入渗补给,对滑坡防治具有重要意义。充气截排水可行性试验研究和系统的理论分析,已经证明可以应用充气截排水方法实现滑坡治理目标,但将该技术方法推广到工程应用,仍需更深入的研究。为了更全面地揭示边坡后缘充气截排水对地下水位的控制作用,本章将构建后缘地下水入渗的细砂边坡物理模型,开展更接近于工程实际的模型试验研究,揭示在边坡环境下充气截排水的效果,探索最佳充气压力,为边坡截排水的工程应用奠定基础。

4.1 砂土边坡充气截水效果分析

针对边坡后缘来水补给滑坡区地下水的情况,构建砂土边坡后缘水入渗的边坡模型,分析在坡体渗流路径上设置充气孔往坡体内充气时对地下水渗流的影响。通过试验研究,期望实现两方面的目标:揭示在坡体渗流路径上设置充气孔进行充气前后渗流量随时间的变化规律,以及充气前后渗流稳定状态时地下水位的变化规律;揭示充气过程中,气体扩散范围及土体湿度随时间的变化规律。

4.1.1 试验模型及过程

模型包括模型槽、坡体模型、进气设备、水位监测系统、压重装置、土体湿度监测和注水设备7部分,试验模型如图4.1所示;在坡体内部布置必要的监测系统,包括水分传感器、水位监测连通管等,如图4.2所示。

（1）模型槽

模型槽,侧壁由钢化玻璃制成,槽底板和骨架均采用型钢和钢板制作,模型槽长34 m,宽0.5 m,高0.8 m。槽的长度相对较长,可实现渗流过程的水位稳定。槽底不透水模拟边坡底部基岩面,坡体堆积在槽的一端。

（2）坡体模型

槽内坡体采用细砂堆填,级配见表4.1,堆积高度80 cm,为防止坡体坍塌,两边削坡,角度约为20°,整个坡体表面铺一层厚约5 cm的粗石子,并且在坡脚处相对堆积厚一些,防止渗流冲刷破坏,分层堆填土体,按图4.2所示布设充气管、水分传感器和连通管。试验用土的颗粒分析结果见表4.1。

图4.1　试验模型

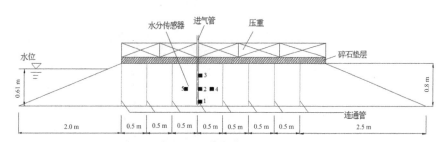

图4.2　试验模型剖面图

表4.1　试验用土的颗粒分析结果

粒径(mm)	>2	>0.5~2	>0.25~0.5	>0.075~0.25	>0.005~0.075	≤0.005
占土重比例(%)	0.0	0.4	4.3	94.5	0.4	0.4

（3）进气设备

进气管设在边坡中轴线处,进气孔离槽底约5 cm。进气设备采用KY-V型微型空气压缩机,可在0～0.08 MPa内任意设定压力,进气压力的控制精度为±0.005 MPa,达到恒压的目的。连接进气管是柔性塑管,孔径为5 mm,一端插入坡体,另一端连接压缩机出气口,如图4.3所示。

图4.3　空气压缩机及连接进气管

（4）水位监测系统

为了监测到整个坡体内的地下水位,设置了8根连通管,从左到右编号为1到8。基于连通管原理,应用透明的PU管做成U形管,一端插入坡体底部,另一端固定在槽壁上,如图4.4所示。试验前向连通管的一端注入水,试验过程中管内完全饱水。

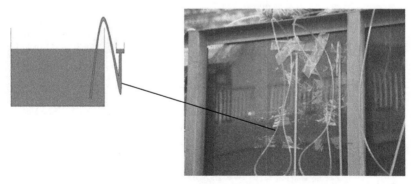

图4.4　连通管

（5）压重装置

为防止充气过程中产生不必要的坡体抬升,同时使堆土产生一定的压密,防止渗流过程中产生颗粒流动,在模型的顶部采用砂袋压重,砂袋内装的是与坡体同样的细砂,堆载压力约为5 kPa。

（6）土体湿度监测

布设水分传感器的目的是监测充气排水影响范围，根据气体在多孔介质中的扩散特性并且考虑到对称性，在充气管管壁处及其周围埋设传感器，分三层布设，在第二层的水平面上与管壁左右相隔20 cm处分别埋设一个传感器，如图4.2所示，编号分别为1到5。

采用YM-01B智能多点土体湿度记录仪监测土体湿度，主要由传感器和采集器组成，如图4.5所示。采集器上有接口与传感器相接，传感器测量参数是体积含水量。其原理是把土体内的金属离子和各种杂质都作为常数合并在初始值中，传感器感湿部位输出的脉冲周期（频率倒数）仅与土体中的湿度（体积含水量）有关，再通过CPU采集、运算并转换为总信号进行数据采集。水分传感器、数据采集器与计算机结合实现不间断监测并记录数据，间隔记录时间可随意设定。监测结果以ACCESS数据库的格式保存，包括数据采集时间、坡体含水量值等内容。如图4.6所示为水分传感器数据采集系统。

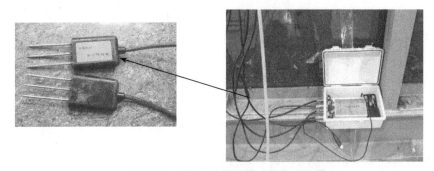

图4.5　土体水分传感器和湿度采集器

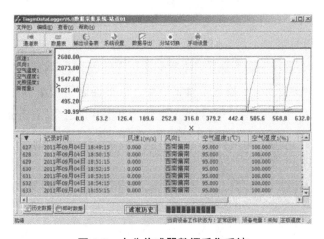

图4.6　水分传感器数据采集系统

（7）注水设备

试验过程中,渗流过程持续不断发生,使得左侧水位逐渐而缓慢地降低。为了保证试验过程中水位基本保持不变,用水泵从储水井内往槽内注水。

利用注水设备对坡体左侧水槽注水至61 cm水深高度,并应用水泵抽水保持水位基本稳定,为了消除初始填土欠固结对监测数据的影响,尽可能接近实际边坡渗流状态,试验前进行自然渗流2周,之后将坡体左侧槽内水排干,将边坡模型静置2周,之后监测土体的初始体积含水量。接下来进入试验阶段,分别进行坡体自然渗流和充气作用下渗流试验。试验步骤如下:

（1）使坡体左侧水位保持在61 cm处,在水头差作用下进行自然渗流,期间不断监测土体内湿度变化,当渗流稳定时,对水位和渗流量（1小时）进行监测及记录。

（2）对自然渗流稳定的坡体,打开空压机向坡体内充气,依据充气排水压力理论分析,将充气压力设为8 kPa,充气期间不断监测并记录水位变化、土体湿度变化及渗流量（1小时）,7天后关掉空压机停止进气;停止进气之后分别于24小时、48小时后进行自然渗流量（1小时）监测。

（3）将左侧水排干,坡体放置2周,之后重复步骤（1）。

（4）增大气压至10 kPa,重复步骤（2）。

4.1.2　充气截水效果分析

当在坡体左侧槽内加水进行自然渗流时,观察到槽壁上的一些土体孔隙逐渐被水充满,通管内水位逐渐上升,经历5小时后,连通管内水位达到稳定,说明自然渗流达到了动态平衡状态。充气作用下,观察发现槽壁上有大量气泡存在,且随着时间的增加,气泡逐渐增多;充气过程中,第1～5根连通管内水位略有上升,管内水位上升值不稳定,且第4根上升最大,最大值约为3 cm,但随着时间的推移,第5根管内水位逐渐降低;第6～8根连通管内水位逐渐降低,说明气体在坡体内处于不稳定扩散状态。待充气100小时之后,各连通管内水位基本稳定。

（1）坡体水位监测结果及分析

自然渗流稳定及充气作用下渗流稳定时,根据8个监测点处的水位拟合出如图4.7所示的水位线。由图4.7可知,在充气作用下,充气管后面坡体内稳定时的地下水位较自然渗流稳定时的水位有所降低,降低率为32%～37%,而充气管前面坡体内地下水位略有上升,说明充气起到了良好的阻渗效果。

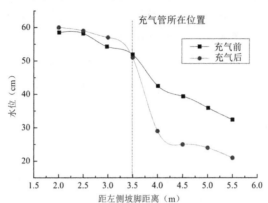

图4.7　充气前后稳定时的水位线对比图

（2）土体湿度监测结果分析

通过埋设在坡体内的水分传感器监测数据整理,得到充气作用下各水分传感器位置处坡体的体积含水量随时间的变化曲线,如图4.8所示。自然渗流试验水分传感器测得土体的初始体积含水量约为70%,充气作用下土体的体积含水量快速降低。

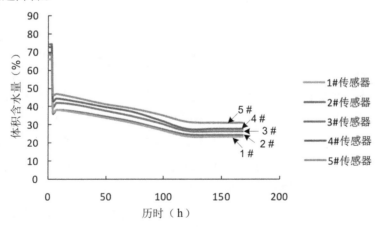

图4.8　充气作用下各传感器位置处含水量随时间的变化

由图4.8可知,充气排水发生作用存在滞后现象,即充气一段时间后才产生排水作用,但这个时间较短。充气作用下各水分传感器埋设位置处的含水量均降低,且降低规律一致,几乎在同一时间点含水量发生了骤降,降低率为32%~46%,之后含水量继续降低直至稳定,但降低量不大且降低速度较缓慢。根据含水量变化规律可知,充气使得影响范围内的土体含水量在短时间内降低很多,因此,充气排水方法利于滑坡抢险治理。经计算,5#水分传感器位置处的含水量相对其他位置的含水量降低率最小,4#水分传感器位置处的含水量降低率次之,1#、2#和3#水分传感器位置处的含水量降低率几乎相等且最大,说明气体偏向于水位线降低的方向扩散。通过监测充气作用下土体的含水量变化可以大致确定气体影响区域及扩散方向。

(3)渗流量监测结果分析

渗流量的监测结果将能更直观地反映充气的阻渗效果。试验过程中,监测了渗流模型的流量变化,充气前坡体的自然渗流量为10100 mL/h。在8 kPa充气压力的作用下,流量变化过程如图4.9所示。

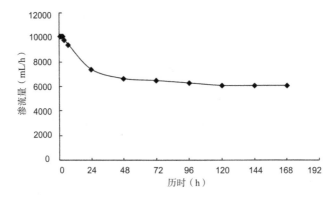

图4.9　8 kPa气压力作用下的渗流量变化

开始充气1小时内的渗流量没有变化,说明气体进入土体起作用有时间滞后效应。随后因气体进入土体起到了阻渗作用,使渗流量有一个快速降低的过程,这一过程大约持续24 h。随着充气过程的持续,24 h后的渗流量下降速率逐渐减小,并在经历120 h后的渗流量稳定在6100 mL/h,此时的渗流量较自然渗流量减小了40%,这说明充气阻渗效果良好。

停止充气之后,放置24 h和48 h之后测得的渗流量均为7800 mL/h,比初始渗流量低,说明停止充气之后坡体内仍存在大量封闭气体。待重复试验时,相同情况下的自然渗流量仍约为10100 mL,这说明在第一次充气作用下坡体结构没有发生变化。

将充气压力提高到10 kPa,对坡体模型进行充气试验,结果坡体的渗流量非但没有减小,反而明显增大,达到15000 mL/h。这是由于充气压力过大,坡体内存在被抬空而形成的缝隙致,使渗流量加大,坡体结构遭到破坏,这表明实施充气截排水时应合理控制充气压力。

4.2　砂土边坡最佳充气压力研究

由前文研究可知,要想达到较好的截排水效果,需要合理控制充气气压大小,并非气压越大截排水效果越好。当气压过大时,气驱水速度加快,气体在较短时间形成了逸出坡体的排泄通道。由于气体的流动性较强,当气体形成较多固定排泄通道时,充气孔周围土体的封气性降低,土体中无法形成较大面积的非饱和区,所以充气截排水的效果变差。另外,过大的气体压力还会造成充气孔周围土体结构破坏,气体会沿着土体裂缝逸出,截排水效果会进一步降低。因此,探究截排水效果随充气气压的变化规律,寻找使截排水效果最佳的充气压力,对于充气截排水技术十分关键。本节研究设计了物理模型试验,并与数值模拟相结合,寻找适合于特定物理模型的最佳充气压力。

4.2.1　试验模型及方法

充气截排水物理模型试验在小型钢化玻璃模型槽中进行,模型槽由长3 m、宽0.4 m、高0.8 m的透明钢化玻璃制成,边坡模型实物如图4.10所示。模型如图4.11所示。模型槽后侧每隔0.1 m高度间距设有7个排水孔,用于控制坡体后缘入渗水位。模型槽坡前缘设有2个排水孔,用于及时排出坡体中渗出的水量。模型槽后侧为碎石堆砌区,碎石区主要是用于储水,通过往碎石区注水并将多余的水通过后侧的排水孔排出,就可以控制坡体后侧的水位恒定。模型槽内的坡体由砂土分层压实而成,坡体内埋有1根充气管和4根水位监测管。充气管埋设在距离模型槽坡前缘$X=1.9$ m、距离底部$H=0.05$ m的位置。①、②、③、④四根水位监测管依次布置在距离模型槽$X=0.4$ m、$X=0.8$ m、$X=1.7$ m、$X=2.2$ m,且距离模型槽坡前缘底部$H=0.05$ m的位置。本次试验采用的模型材料颗粒级配见表4.2,相关参数取值见表4.3。

图4.10　边坡物理模型

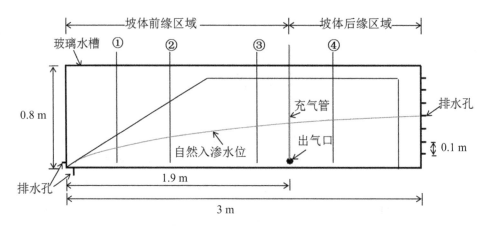

图4.11 边坡模型图示

表4.2 模型材料颗粒级配

颗粒直径(mm)	>2	>0.5~2	>0.25~0.5	>0.075~0.25	≤0.075
含量(%)	0.5	1	2	94	2.5

表4.3 物理模拟材料参数

透水系数k/(m/s)	内摩擦角φ/(°)	黏聚力c/kPa
1.2×10^{-5}	32.0	2.0

充气设备由空气压缩机和稳压阀组成。空气压缩机为试验持续提供高压气体,但由于空气压缩机在一个工作周期内的输出气压波动幅度较大,会对试验造成较大误差,所以增加了一个调压阀装置。将空气压缩机的出气口通过软管与调压阀的进口相连,通过调节调压阀的仪表盘指针将气体转换至试验需要的气压,然后通过调压阀出口与充气管相连,将相对稳定的气压充入坡体。

充气截排水试验通过空气压缩机和调压阀向钢化玻璃模型槽内的坡体中充气,通过改变充气压力并记录充气过程中水位监测管的水位变化,研究充气对坡体渗流水位的影响,探究坡体的最佳充气压力。试验过程中,后侧碎石堆砌区的水位始终控制在$H=0.4$ m,充气压力控制在$P=0$(自然入渗)~14 kPa,每增加2 kPa增设一组试验。试验流程如图4.12所示。

为保证坡体在正式试验时已达到稳定状态,需模拟自然状态下降雨前后的坡体渗流状态,对坡体模型进行预处理。预处理步骤如下:

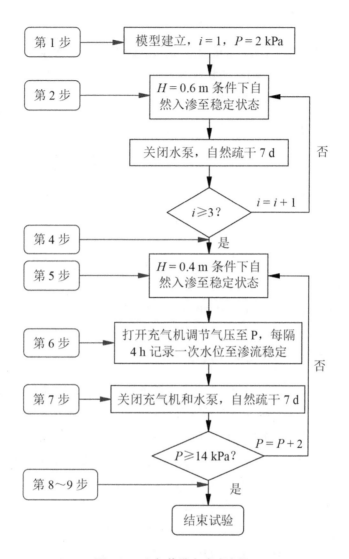

图4.12 充气截排水试验流程

第1步:将坡体模型堆好后,让其自然沉降7 d。

第2步:打开$H=0.6$ m的出水孔,通过深井自吸泵向坡体后侧碎石堆砌区注水,当水流漫过$H=0.6$ m的排水孔时,多余的水会从该排水孔排出,从而使得坡体后缘的水位能稳定在$H=0.6$ m。让坡体在$H=0.6$ m水头的状态下进行为期7 d的自然入渗。

第3步:关闭深井自吸泵,让坡体进行为期7 d的自然疏干和压密。

第4步:重复第2~3步,共3次,使坡体在进行试验之前尽可能达到稳定状态,然后再进行充气截排水试验。

第5步:将后侧水头调至$H=0.4$ m,每隔4 h记录一次水位,直至连通管①~④的水位稳定不变,则判断其自然入渗已经稳定。

第6步:打开空气压缩机,将调压阀的输出气压调至$P=2$ kPa,每隔4 h记录一次连通管水位,直到水位和流量不再继续下降为止,则判断充气条件下坡体水位已经稳定。

第7步:关闭空气压缩机和水泵,让坡体在自然状态下疏干,静置7天,等待下一组试验。这样,就完成了定水头条件下$P=2$ kPa的充气截排水试验。

第8步:将气压升高2 kPa,重复第5~7步操作,完成$P=4$ kPa气压下的充气截排水试验。

第9步:重复第8步操作,可以分别完成$P=6$、8、10、12和14 kPa条件下的充气截排水试验。

这样,就完成了$H=0.4$ m,$P=0$~14 kPa条件下的充气截排水模型试验。

4.2.2　最佳充气压力的试验分析

充气截排水物理模型试验主要通过读取①~④连通管水位来监测各气压条件下坡体渗流情况,通过各连通管水位的降幅来反映各气压条件下充气截排水效果,并确定适合于本物理模型坡体的最佳充气截排水气压。

如图4.13所示为试验过程中各气压条件下水位的变化情况。水位监测管①位于$X=0.4$ m处,水位监测管②位于$X=0.8$ m处,水位监测管④位于$X=2.2$ m处。①和②位于充气管的左侧,水位具有相同的变化规律。当$P=2$和4 kPa时,①、②监测管的水位等于自然入渗($P=0$ kPa)水位,说明在这两个气压条件下不能实现充气截排水效果。当$P=6$~12 kPa时,①和②监测管水位随着气压的增大而降低。当$P=6$ kPa时,①和②监测管水位相对于自然入渗水位分别下降了9.8%和8.2%。当$P=12$ kPa时,①和②监测管水位相对于自然入渗水位分别下降了40.2%和40.9%。当$P=14$ kPa时,①、②监测管水位相对于$P=12$ kPa时的水位要高,相对于自然入渗状态下的水位分别下降了13.4%和22.5%。水位监测管④位于充气管的右侧,当$P=2$和4 kPa时,④监测管的水位等于自然入渗($P=0$ kPa)水位,气压没有对水位造成影响。当$P=6$~14 kPa时,④监测管的水位均要高于自然入渗状态下的水位,例如$P=6$和14 kPa时水位相对于自然入渗水位分别上升了4.6%和1.6%。

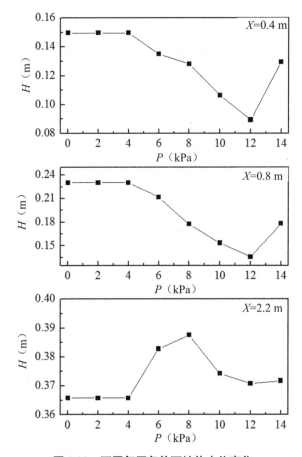

图4.13 不同气压条件下坡体水位变化

根据试验得到的水位对坡体进行稳定性分析,坡体滑动面为同一指定滑动面。各气压条件下进行稳定性分析得到的稳定性系数如图4.14所示。自然入渗状态下指定滑动面的稳定性系数为1.230,$P=6$、8、10、12和14 kPa条件下的稳定性系数相对于自然入渗状态下的分别上升了2.76%、6.02%、9.19%、11.22%和5.85%。由稳定性系数随气压的变化可知,当$P=6\sim12$ kPa,稳定性系数随充气压力增大而增大;当$P=14$ kPa时,相对于$P=12$ kPa条件下的稳定性系数反而下降了5.37%。稳定性系数随气压的变化与坡体水位随气压的变化具有一致性,水位下降越多,坡体稳定性系数越大。

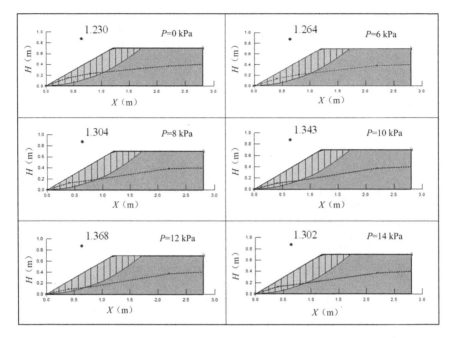

图 4.14 坡体稳定性分析

通过对①、②、④水位监测管数据的分析可知,充气截排水技术能使坡体水位降低,具有截流减渗、提高边坡稳定性的作用。由 $P=2$ 和 4 kPa 时的水位变化特征可知,当充气压力较小时,充气截排水没有效果。在土壤自然入渗研究中,许多学者认为土中气体驱水逸出地表的突破压力 H_b 满足关系式:$H_b=h_0+z_{min}+h_{ab}$,其中 h_0 为土表水头,z_{min} 为最小的传导层深度,h_{ab} 为土的进气值。土体中气体要排开孔隙中的地下水,气体必须克服一定的静水压力和毛细孔压力(土的进气值 h_{ab})。只有当 $P \geq H_b$ 时,充气排水现象才会发生,所以充气截排水存在起始气压力,即能达到截排水效果的最小充气压力,本试验中的最小充气压力为 6 kPa。

但要达到好的截排水效果,还需合理控制气压的大小。在一定的压力范围内,截排水效果会随着气压的增大而增大,当压力达到上限值,截排水效果反而会降低。如本物理模型中,在 $P=6 \sim 12$ kPa 范围内,充气压力越大充气截排水效果越好,当 $P=14$ kPa 时充气截排水效果反而有所降低。因此,寻求能快速截排水的最佳充气压力对于截排水技术十分关键。根据试验数据分析可知,$P=12$ kPa 可视为本模型的最佳充气压力。

4.2.3 最佳充气压力的数值分析

在坡体中充气涉及复杂的气-水两相流问题,试验过程中存在许多误差和随机性,通过岩土工程软件 Geo-Studio 建立数值模型,对充气条件下坡体水位的变化特征进行探索,可以更加充分地说明充气截排水过程中坡体水位的变化规律。

图 4.15 为边坡模型示意图,数值模型和试验模型的尺寸是一致的。模型后侧的水位 $H=0.4$ m,9~10 边界设为透气边界,坡面 1~10 设为透气边界和潜在渗流面。点 11 为充气点,代表充气管上充气口的位置。坡体前缘区域的水位测点 12~15 的位置依次为 $X=0.4$ m、$X=0.8$ m、$X=1.3$ m、$X=1.7$ m,后缘区域的水位测点 16~19 的位置依次是 $X=2.2$ m、$X=2.3$ m、$X=2.4$ m、$X=2.5$ m。

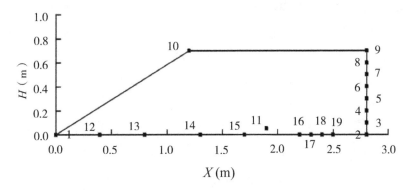

图 4.15 边坡模型图示

充气截排水技术通过充气管口向土体中充气,气体从充气管口向四周扩散,形成类似于球状的控制范围。由于球状区域的形成和扩散需要一个过程,所以在充气的初期,球状区域未扩散至槽壁,水流会沿控制范围绕流到充气管左侧,此时的截排水过程是三维问题。当球状区域扩散至槽壁后,截排水过程可近似为二维问题。同样,当气压较小时,整个截排水过程中球状控制范围都无法扩展至槽壁,故该压力下的截排水过程是三维问题。当充气压力达到一定程度时,充气压力形成的控制范围可以扩展到槽壁,该气压下的截排水过程可近似为二维问题。由于在数值模型中,并不能将不同充气阶段和充气压力区分开来分别建立三维和二维模型,而是按二维模型来近似代替,故数值模型中使用的部分参数与试验土体实际参数可能存在一定差异。为了确保数值模拟结果的准确性,需要通过参数敏感性分析来确定哪些参数对数值模拟结果影响较大并视为重要参数,通过获取准确的重要参数才能保证数值模拟结果能反映真实规律。

充气截排水数值模拟涉及气–水两相渗流,模拟结果主要受土体饱和渗透系数、干燥土体透气系数、饱和含水量和残余含水量这四个参数的影响。为了使数模结果能反映实际情况,需要利用试验数据对模型参数进行反演。为了简化反演的程序,首先对模型参数进行敏感性分析。

取表4.4中6组参数对渗透系数进行敏感性分析,分析不同渗透系数对地下水位变化的影响。通过图4.16中不同渗透系数对应水位可知,在$P=10$ kPa条件下,渗透系数越大,水位下降越大;当渗透系数增至0.338 m/h后,再继续增大渗透系数,水位不再呈现明显的继续下降的趋势,如图中$K=0.338$ m/h、$K=3.38$ m/h和$K=33.8$ m/h对应的3条水位线基本重合。以上的分析说明,该模型土体中,模拟的水位变化是受渗透系数影响的,向模型中输入渗透系数的准确性是数值模拟反映真实情况的关键。表4.5至表4.7分别是对模型进行透气系数、饱和含水量和残余含水量进行敏感性分析所选取的模型参数,图4.17至图4.19分别是对模型进行透气系数、饱和含水量和残余含水量进行敏感性分析所得的水位变化图。图4.17至图4.19中所有条件下的水位都是基本重合的,这表明模型水位的结果对透气系数、饱和含水量和残余含水量这三个参数不敏感。所以模型中选取的这三个参数只要能大致反映试验土样的特征即可。

表4.4 不同渗透系数模型组合参数

渗透系数 K(m/h)	透气系数 K_a(m/h)	饱和含水量 θ_s (m³/m³)	残余含水量 θ_r (m³/m³)
3.38×10^{-4}	20.39	0.51	2.56×10^{-2}
3.38×10^{-3}	20.39	0.51	2.56×10^{-2}
3.38×10^{-2}	20.39	0.51	2.56×10^{-2}
3.38×10^{1}	20.39	0.51	2.56×10^{-2}
3.38×10^{0}	20.39	0.51	2.56×10^{-2}
3.38×10^{1}	20.39	0.51	2.56×10^{-2}

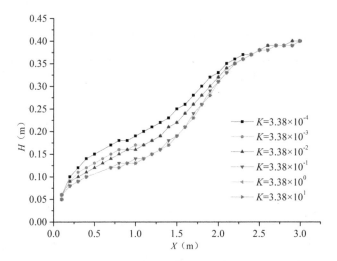

图4.16   不同渗透系数情况下坡体稳定水位

表4.5   不同透气系数模型组合数据

渗透系数 K(m/h)	透气系数 K_a (m/h)	饱和含水量 θ_s (m³/m³)	残余含水量 θ_r (m³/m³)
0.34	3.38	0.51	2.56×10^{-2}
0.34	8.44	0.51	2.56×10^{-2}
0.34	16.89	0.51	2.56×10^{-2}
0.34	25.33	0.51	2.56×10^{-2}
0.34	33.77	0.51	2.56×10^{-2}

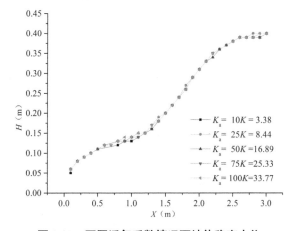

图4.17   不同透气系数情况下坡体稳定水位

表4.6 不同饱和含水量数模组合数据

渗透系数 K（m/h）	透气系数 K_a（m/h）	饱和含水量 θ_s（m³/m³）	残余含水量 θ_r（m³/m³）
0.34	20.39	0.30	2.56×10^{-2}
0.34	20.39	0.40	2.56×10^{-2}
0.34	20.39	0.50	2.56×10^{-2}
0.34	20.39	0.60	2.56×10^{-2}

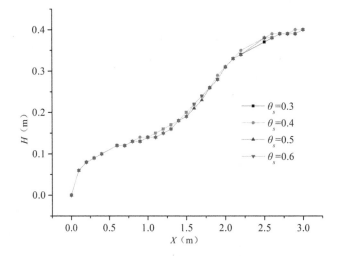

图4.18 不同饱和含水量情况下坡体稳定水位

表4.7 不同残余含水量模型组合数据

渗透系数 K（m/h）	透气系数 K_a（m/h）	饱和含水量 θ_s（m³/m³）	残余含水量 θ_r（m³/m³）
0.34	20.39	0.51	2.56×10^{-2}
0.34	20.39	0.51	6.63×10^{-2}
0.34	20.39	0.51	1.66×10^{-2}
0.34	20.39	0.51	4.14×10^{-2}

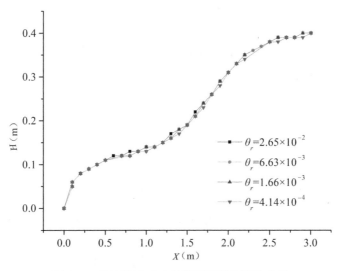

图4.19　不同残余含水量情况下坡体稳定水位

通过对模型进行敏感性分析表明,该坡体模型中充气截排水最终稳定水位只受坡体的饱和渗透系数和充气压力影响。因此,只要选取的渗透系数和充气压力合理,数值模拟结果就能反映坡体的真实情况。数值模拟计算中采用的参数见表4.8。

表4.8　数值模拟计算参数

渗透水系数 K (m/s)	饱和含水率 θ_s (m³/m³)	残余含水率 θ_r (m³/m³)	透气系数 K_a (m/s)
1.2×10^{-5}	5.1×10^{-1}	2.7×10^{-2}	7.2×10^{-4}

该模型中,自然入渗状态下坡体渗流情况如图4.20所示。以图4.20所示的自然入渗结果作为气-水两相流数值模型的初始条件。坡体模型充气稳定后的气-水流动情况如图4.21所示。图4.21中,虚线表示水位线,白色箭头表示气体的流动状态;黑色箭头表示水的流动状态。灰色阴影表示土体中气压力的大小,灰色越深,表明孔隙气压力越大。

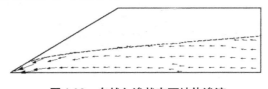

图4.20　自然入渗状态下坡体渗流

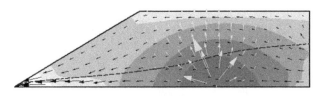

图4.21 模型稳定后坡体的气-水流动

各气压条件下坡体的稳定水位如图4.22所示。图中水位线最高的那条线代表自然入渗水位线,充气气压为$P=2$和4 kPa条件下的两条水位线与图中自然入渗($P=0$ kPa)条件下的水位线基本重合,说明充气压力为$P=2$和4 kPa时无充气截排水效果。$P=6\sim16$ kPa时,充气管左侧水位均有明显下降,这说明对于本模型,在坡体中进行充气可以达到预期的截排水效果。

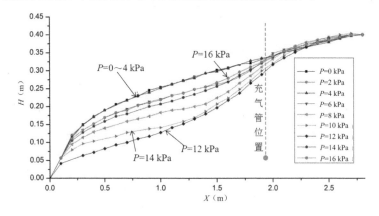

图4.22 不同气压条件下坡体稳定水位

为了清晰准确地分析充气条件下坡体水位的变化特征,选取坡体中代表性测点12~19,对不同气压下水位变化进行分析。图4.23为坡体充气管左侧四个水平测点上水位随气压变化情况。当气压$P=0\sim4$ kPa时,各测点水位基本不发生变化,这说明当气压较小时,充入坡体的气体不能排开地下水,达不到截排水的效果。当气压$P=6\sim12$ kPa时,各测点的水位随着气压的增大而降低。当$P=6$ kPa时,$X=0.4$ m、$X=0.8$ m、$X=1.3$ m、$X=1.7$ m四点的水位相对于自然入渗水位分别下降了10.8%、13%、12.4%和11.2%;在点$X=0.9$ m处,$P=6\sim12$ kPa范围内各气压条件下的水位相对于自然入渗水位分别下降了13%、29.9%、43.9%和52.3%。以上数据说明,在此气压范围内,随着气压的增大,充气截排水效果逐渐增大。当气压$P=14\sim16$ kPa时,各测点水位随着气压的增大而减小。当$P=14$ kPa时,$X=0.4$ m、$X=0.8$ m、$X=1.3$ m、$X=1.7$ m四点的水位相对于自然入渗水位分别下降了16.2%、18.6%、17.2%和9.7%,明显比$P=$12 kPa条件下的水位要高;当$P=16$ kPa时,四点的水位相对于自然入渗水位分别下降了10.8%、14.4%、12.4%和6.9%,相对于$P=14$ kPa条件下的水位有继续升高的趋势。说明当$P>12$ kPa时,充气截排水效果随着气压的增大而降低。

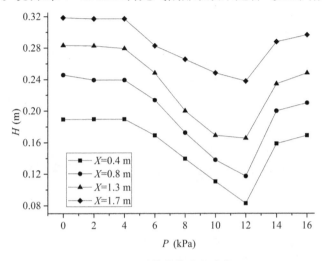

图4.23　坡体前缘水位变化

图4.24为数值模拟条件下取坡体固定滑动面进行稳定性分析得到的稳定性系数。当$P=0\sim4$ kPa时,稳定性系数均为1.224;当$P=6、8、10、12、14$和16 kPa时,相对于自然入渗状态下的稳定性系数分别上升了3.43%、7.35%、10.21%、13.48%、4.74%和3.51%。当$P=6\sim12$ kPa时,稳定性系数随充气压力增大而增大;当$P=14$和16 kPa时,稳定性系数随充气压力增大而减小;$P=14$ kPa条件下的稳定性系数相对于$P=12$ kPa条件下的稳定性系数下降了7.70%,$P=16$ kPa条件下的稳定性系数相对于$P=14$ kPa条件下的稳定性系数下降了1.17%。由稳定性系数随气压的变化特征可知,稳定性系数与坡体水位随气压的变化特征具有一致性,水位下降越多,稳定性系数越高。

通过对$X=0.5$ m、$X=0.9$ m、$X=1.3$ m、$X=1.7$ m四点的水位变化分析可知,数值模拟结果与试验结果一致。$P=6$ kPa为该坡体模型充气截排水的起始气压力,即能达到截排水效果的最小充气压力;$P=12$ kPa为该坡体模型充气截排水的最佳充气压力。当充气压力控制在$6\sim12$ kPa范围内时,充气压力越大,坡体水位降幅越大,充气截排水效果越好。当充气压力大于12 kPa时,充气压力越大,坡体水位降幅越小,充气截排水效果越差。

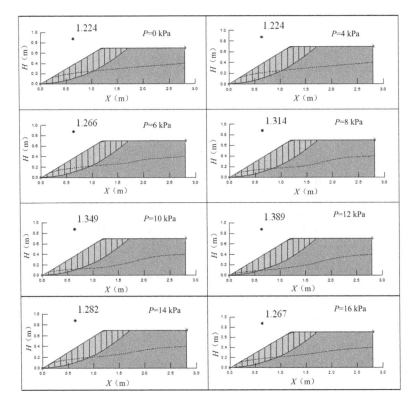

图4.24　坡体稳定性分析

图4.25为各充气压力下坡体充气管右侧水位变化情况。选取$X=2.2$ m、$X=2.3$ m、$X=2.4$ m、$X=2.5$ m四个测点的水位进行分析。当气压$P=6\sim16$ kPa时,四个测点的水位相对于充气前均有不同程度升高。当$P=6$ kPa时,$X=2.2$ m、$X=2.3$ m、$X=2.4$ m、$X=2.5$ m四点的水位相对于自然入渗状态下分别升高了4%、2.5%、3.3%和2.3%;当$P=10$ kPa时,四点的水位相对于自然入渗状态下分别升高了0.4%、0.3%、2.0%和2.8%;当$P=14$ kPa时,四点的水位相对于自然入渗状态下分别升高了5%、4.4%、5.2%和4.2%。这与充气截排水技术的预期相符,当气体截留向前缘入渗的后缘来水时,后缘水位会因为向前缘入渗量的减少而水位壅高,从侧面反映了充气截排水技术的有效性。

综上可知,对坡体进行充气能有效地截留坡体后缘入渗水流,降低下游坡体地下水位,提高边坡稳定性。对于特定坡体,存在与之对应的充气截排水起始充气压力,只有当充气压力大于充气截排水起始充气压力时,充气截排水才有效果,坡体下游水位才会下降;而且对于特定坡体,还存在与之对应的最佳充气压力,当充气压力介于起始充气压力和最佳充气压力之间时,随着气压的增大,坡体下游水位不断降低,充气截排水效果随气压增大而增大。当充气压力大于最佳充气压力时,充气截排水效果则随气压增大而减小。

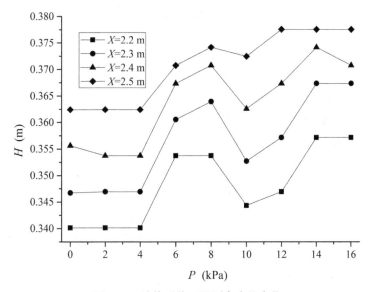

图4.25　坡体后缘不同测点水位变化

第5章　粉质黏土边坡充气截排水模型试验

充气截排水方法通过向土体中注入高压气体改变岩土体渗透性,在坡体中形成能稳定有效截水的非饱和区。在一维土柱和小型细砂边坡中的充气试验验证了充气截排水方法的可行性,但限于尺寸效应和试验材料的影响,还需要进一步试验研究。坡体岩土类型结构复杂,从调查收集的资料看,多数滑坡体的岩土类型是含碎石黏性土。本章在前期研究的基础上,首次建立了更加接近实际边坡情况的大型后缘水入渗的粉质黏土边坡物理模型,在坡体渗流路径上充气,开展了多组不同试验工况下的粉质黏土边坡充气试验。

5.1　充气过程中坡体地下水位的变化规律

5.1.1　试验模型与试验方案

5.1.1.1　试验模型

边坡充气截排水模型试验包括模型箱及供水设备、充气设备、地下水位监测、坡体下游渗流量监测及坡体表面变形监测等五个部分,试验模型如图5.1所示,实物如图5.2所示。

（1）模型箱及供水设备

试验模型箱如图5.2所示,模型箱长8 m、后缘宽1.5 m、前缘宽2.5 m、高1.5 m,底面倾角17°。模型箱四周骨架采用型钢制作,侧壁由钢化玻璃制作,模型箱前后缘挡板和底板采用钢板制作。模型箱前缘挡板由四块钢板组成,钢板之间留有排水的缝隙,挡板与其后土体之间铺设四层土工布,以保证土体中水流可以自由渗出而土颗粒不会流失,除坡脚端面外,模型底面和其他侧面不透水。模型箱后缘安装有供水设备。

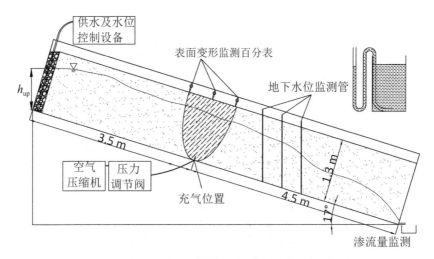

图 5.1 边坡充气截排水模型试验图示

图 5.2 试验模型实物

（2）充气设备

充气设备采用空气压缩机，并配合使用自力式压力调节阀来稳定充气压力，如图 5.3 所示。压力调节阀可在 2～30 kPa 范围内进行压力调节，控制精度为 8%，可以满足试验中的压力调节要求。

本节试验中采用单点充气，充气管外径为 8 mm，内径为 5 mm。充气点位于距坡体上游边界 3.5 m 处，如图 5.1 所示，出气口距离槽底 5 cm。为防止被土颗粒堵塞,充气口包裹土工布。为避免气体在土体内部运动时沿充气管管壁形成优先流直接冲出坡体表面,充气管周围土体采用黏土压密。

图5.3　充气设备

（3）地下水位监测

为监测整个坡体内的地下水位,基于连通管原理(见图5.1),应用透明的PU管做成U形管,一端插入坡体底部,另一端固定在槽壁上,每隔0.4 m设置1根,长度方向上沿全长布置,宽度方向上布置3个监测剖面,如图5.4所示。为防止土颗粒堵塞监测管,插入坡体的一端用土工布包裹。试验前向连通管的一端注入水,试验过程中管内完全饱水。

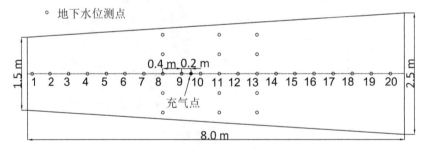

图5.4　坡底地下水位监测点布置

（4）坡体下游渗流量监测

模型箱前缘设有导水槽,从坡体内部渗流而出的水可以排到指定位置,采用电子称量测一定时间内从坡体内部渗出的水的重量,即可得到这段时间的渗流量。

（5）坡体表面变形监测

采用量程为 0~30 mm 的百分表监测垂直坡面方向的坡表变形,在充气点正上方的一定区域内共布设了 24 个两两间隔为 0.25 m 的百分表测点,分布在充气点正上方约 0.75 m 的半径范围内。

5.1.1.2　坡体模型制作及预处理

模型箱内坡体采用粉质黏土堆填,厚度为 1.3 m,坡度约为 17°,在后缘 0.2 m 长度范围内采用碎石土堆填,以利于加水和后缘水位控制。分层分段堆填土体,在长度方向上,分段成型,每段约为 1 m;在高度方向上,分层成型,每 10 cm 土料击实一次,直至模型堆填完成。为防止试验过程中水及气体沿模型箱底板或侧壁形成优先流,在靠近底板与侧壁部分一定范围内的土体采用黏土压实。模型土体的参数见表 5.1,颗粒级配曲线如图 5.5 所示。铺设过程中预设相关的监测系统和充气系统。

表 5.1　土的参数

干密度(g/cm³)	土粒比重	饱和渗透系数(cm/s)	黏聚力(kPa)	内摩擦角(°)
1.70	2.73	$6.59×10^{-4}$	57.8	11.6

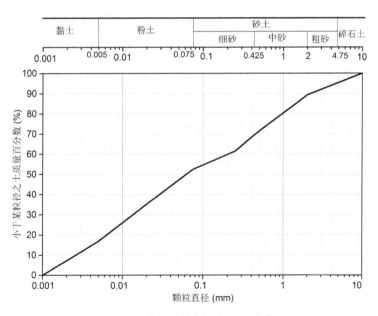

图 5.5　试验用土的粒径级配累计曲线

在模型成型后,为了消除初始填土欠固结对监测数据的影响,尽可能接近实际边坡渗流状态,对模型土体进行了以下三步处理:第一步,模拟降雨下的渗流固结,每天在模型表面用水喷淋一定时间后静置,持续2周;第二步,模拟后缘渗流固结,坡体在一定的后缘入渗水位下自然渗流,持续2周;第三步,将坡体后缘水排干,模型静置2周。

完成模型土体初步处理后,进行自然渗流模型试验测试。分别保持坡体后缘入渗水位高度为0.4 m、0.6 m、0.8 m、0.95 m(本书中的水位高度均指相对于模型箱底板的高度),在水头差作用下进行自然渗流,期间不断监测地下水位、渗流量和坡体表面变形的变化,直至渗流稳定。在完成四组后缘入渗水位下的自然渗流后,又进行了四组重复试验,监测数据表明两次渗流情况基本一致,填土已基本完成自然固结,将不会对后续试验产生明显的固结影响。

5.1.1.3 充气压力确定

充气过程是通过空气压缩机产生压缩空气,经由压力调节阀调节稳定后充入坡体来实现的。在将压缩空气充入坡体前,需先确定空气压力大小,合适的充气压力的选择与土体性质、坡体地下水位和充气点位置等因素有关。显然,充气压力存在上限值,充气压力过大时会使土体发生破坏。充气压力也存在下限值,即必须超过起始充气压力才能进入土体。起始充气压力(P_{min})取决于充气点处的静水压力(P_{hyd})和毛细作用力(P_{capil}),毛细作用力与水–气的界面张力、土体微观结构等因素有关。起始充气压力的计算方法可借鉴地下水曝气修复技术中的最小曝气压力的计算方法(Marulanda et al., 2000),计算公式为:

$$P_{min}=P_{hyd}+P_{capil}=\gamma_w h+\frac{4\sigma\cos\alpha}{D} \tag{5-1}$$

其中, P_{min} 为起始充气压力(kPa); γ_w 为水的重度(kN/m³), h 为充气点处的水头高度(m); σ 为表面张力(kN/m); α 为孔道管壁与表面张力夹角(通常认为,对土中硅酸盐矿物、纯水和大气来说, α 为零); D 为土体平均孔隙通道直径(m)。

后缘入渗的控制水位不同,充气点处的静水压力也不同,相应的起始充气压力也会随之变化。式(5-1)中,充气点处的水头高度 h ,可对充气点两侧的9号测点和10号测点测得的坡体地下水位取平均值得到,但土体平均孔隙通道直径 D 是个难以确定的值,直接用来计算起始充气压力会有很大的不确定性,所以试验中是在静水压力的基础上增加一定压力试充得到合适的充气压力。后缘水位为0.4 m时,根据充气点处水位可得静水压力约为5 kPa,试验中先后尝试了7 kPa、9 kPa、11 kPa和13 kPa,充气过程中不断监测水位及渗流量的变化,试验结果表明当充气压力达到13 kPa时,坡体地下水位和渗流量开始有明显变化,最终确定13 kPa为0.4 m的充气压力。类似的,可以确定后缘水位0.6 m和0.8 m时的充气压力分别为15 kPa和17 kPa。实际上,这里试充得到的充气压力是使坡体地下水位和渗流量开始有明显变化的充气压力,数值上略大于严格意义上的起始充气压力。

将试验获得的各水位下的充气压力代入式(5-1),可以求得平均孔隙通道半径。式中气-水分界面在20 ℃时的表面张力值$T = 0.07275$ N/m,0.4 m、0.6 m和0.8 m水头时充气点处的水头高度根据试验数据可求得,分别为0.555 m、0.858 m和0.999 m;代入式(5-1)可求得平均孔隙通道半径,分别为19.5 μm、22.6 μm和20.8 μm。由此可以看出反推得到的半径是很接近的,均在20 μm左右。这与粉质黏土的常见平均孔隙通道半径值较为接近(Delage et al.,1996),说明在平均孔隙通道半径已知的情况下,利用式(5-1)来计算起始充气压力是可行的。

5.1.1.4　充气试验方案

为了研究不同后缘入渗水位和充气压力条件下坡体地下水位的变化规律,如表5.2所示进行六组充气试验。每次充气试验都是在自然渗流稳定后进行的,充气过程中及停止充气后一段时间内均不断监测并记录地下水位、坡体下游渗流量和坡体表面变形的变化。

表5.2　试验方案

试验	后缘入渗水位 h_{up}(m)	充气压力 P (kPa)	充气时间(h)
1	0.4	15	
2	0.6	15	
3	0.8	15	72
4	0.8	17	
5	0.8	19	
6	0.8	21	

5.1.2　充气过程中地下水位变化的阶段性

充气截排水过程大致可以划分为两个阶段:非饱和区形成阶段和非饱和区基本稳定阶段。非饱和区形成阶段处于充气的初期,对坡体充气后,压缩空气将充气点附近一定范围内的地下水驱离,土体由饱和状态逐渐变成不饱和状态,由压缩空气驱排的水量越多,土体饱和度就越低,相应的渗透系数也就越低。随着充气过程的持续,非饱和区的范围也逐渐扩展,最后达到动态平衡。因此,在非饱和区形成阶段,坡体不同部位的地下水位处于不断变化的过程中。在经历一段时间的充气过程后,气驱水的作用逐渐处于动态平衡状态,所形成的非饱和区也就达到基本稳定状态。在非饱和区基本稳定阶段,坡体非饱和区成为相对稳定的截水帷幕,阻止部分上游坡体地下水的下渗,使非饱和区下游坡体地下水位较自然渗流情况有较大幅度的下降。各组试验条件下,充气过程中地下水位随充气时间的变化呈现出相似的规律,不失一般性。下面以后缘水位0.8 m,充气压力为17 kPa的情况为例,具体分析充气过程及停止充气后坡体地下水位的变化规律。

5.1.2.1　非饱和区形成阶段的地下水位变化

充气刚刚开始时,充气点周围8号测点~12号测点的地下水位会出现快速上升的现象,如图5.6所示,这表明压缩空气在坡体中的扩散速度很快,充气点附近的地下水正在被高压气体驱替至远处。离充气点距离越近,地下水位增量及增加速率越快,说明充气点附近的空气压力较大,而离充气点较远处,空气压力则逐渐衰减。

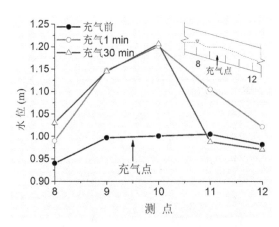

图5.6　非饱和区形成阶段充气点周围地下水位变化

随着充气的进行,8号测点~12号测点的地下水位变化逐渐表现出明显的差别,如图5.6所示,8号测点地下水位继续缓慢上升,9号测点和10号测点地下水位在快速上升后有小幅的波动,随后逐渐趋于一个稳定的且远远高于自然渗流条件下的地下水位值,而11号测点和12号测点地下水位在上升到一定高度后开始逐渐下降,30 min后已经开始低于自然渗流条件下的水平。这表明,在经历一段时间的充气过程后,非饱和区逐渐形成并逐渐处于基本稳定状态,开始发挥截水作用,使非饱和区上游和下游的地下水位呈现出相反的变化趋势。

就模型试验的坡体地下水位随时间变化过程看,从充气开始引起充气点周围水位上升,到充气点下游坡体地下水位恢复自然渗流条件下的水位值的这段时间为非饱和区形成阶段,持续时间不到30 min。这个阶段的特点是,坡体不同部位的地下水位因高压气体向充气点四周驱排地下水而不断变化,但均不低于自然渗流时的水平,非饱和区的范围不断扩展逐渐达到动态平衡。当充气点下游坡体地下水位开始低于自然渗流时的地下水位时,充气方法开始正式发挥阻渗作用,充气过程进入第二个阶段,即非饱和区基本稳定阶段。

5.1.2.2　非饱和区基本稳定阶段的地下水位变化

充气进行约30 min后,坡体非饱和区范围逐渐稳定,由于非饱和区低渗透性的阻渗作用,使下游侧坡体地下水位明显下降,如图5.7所示。从图5.7中可以看出,充气对坡体地下水位的影响可分为三个区:地下水位升高区(1区)、充气非饱和区(2区)和地下水位下降区(3区)。

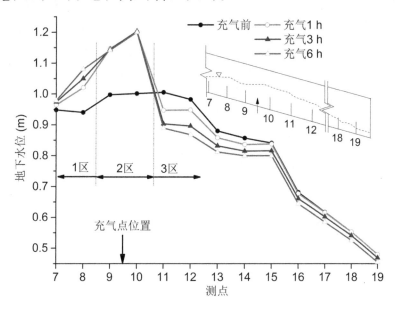

图5.7　非饱和区基本稳定阶段坡体地下水位变化

1区位于充气点上游,地下水位高于自然渗流时的水平,而且随着充气过程的进行,1区的地下水位仍在逐渐升高,这是因为1区下游存在渗透系数较低的非饱和区(2区),降低了1区地下水向3区的渗流量。从上游各测点的水位变化情况看,8号测点离充气点较近,地下水位增量较大,离充气点较远的7号测点地下水位增量就很小,而离充气点更远的1号测点~6号测点地下水位基本没有变化。这表明充气会造成上游坡体地下水位上升,但上升是在一定区域内发生的。从试验结果可以看出,地下水位上升的区域并不大。

2区为处于充气点周围的区域,地下水位远远高于自然渗流时的水平,经历一段时间的充气过程后,地下水位基本保持稳定。2区的地下水位上升是由于坡体内封存了大量的高压气体,在坡体的中下部形成了较为稳定的非饱和区。

3区位于充气点下游,因充气形成非饱和区的阻渗作用,使得3区坡体很大范围的地下水位逐渐下降,而且距充气点不同距离处的地下水位降低速率和降幅有很大差别。对于充气点下游1 m范围内的11号测点和12号测点,因距非饱和区较近,前期地下水位降低速率很快,充气1 h时已经有了明显降低,降幅较大,3~4 h后降低速率逐渐缓慢,之后地下水位慢慢稳定。对于距充气点下游大于2.2 m的15号测点~19号测点,充气3 h时才有较明显的降低,降低速率和降幅均较小。选取位于充气点下游的11号、13号和15号测点,距充气点水平距离分别为0.6 m、1.4 m和2.2 m,分析充气过程中3区坡体地下水位的变化过程,各测点地下水位变化如图5.8所示。

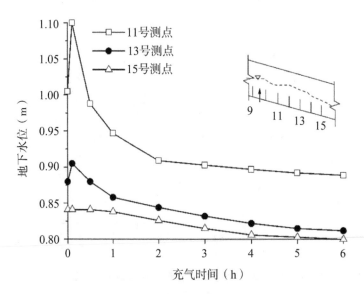

图5.8 充气点下游三个测点地下水位变化

对于距充气点较近的11号测点,充气刚开始时地下水位因压缩空气向四周驱赶水流而迅速上升,但很快地下水位开始下降,充气进行30 min后,11号测点地下水位已经开始低于自然渗流时的水平,并继续保持下降的趋势。在0.5～2 h之间,11号测点地下水位降低速率很快,充气1 h和2 h后地下水位降幅分别达到了6%和10%。充气2 h之后,地下水位降低速率变小,4 h后11测点地下水位基本稳定。对于离充气点较远的13号测点,充气刚开始时地下水位略有增长但很快也开始下降,在0.5～4 h之间,地下水位以基本恒定的降低速率降低,充气4 h后地下水位降幅为7%,显然13号测点地下水位降低速率和降幅均小于11号测点。对于离充气点更远的15号测点,在充气开始的前1 h内地下水位基本没有变化。1 h后,地下水位开始以较小的相对恒定的降低速率缓慢降低,充气6 h后地下水位降幅为5%。可见,充气点下游地下水位降低速率和降幅与距充气点的距离有很大关系。离充气点较近处,充气前期阶段的地下水位降低速率和最终的地下水位降幅也较大。

5.1.2.3　停止充气后的地下水位变化

继续充气过程,直至充气72 h的时间内,无论离充气点较近位置处还是较远位置处,地下水位的变化逐渐趋于稳定。这表明在持续的充气作用下形成的非饱和截水帷幕的截水能力具有稳定性。

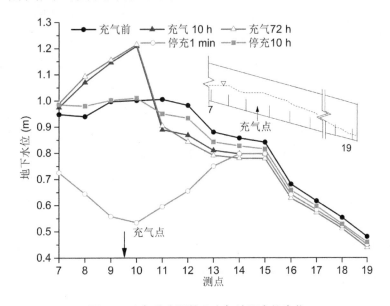

图5.9　充气稳定及停止充气地下水位变化

经历72 h充气过程后,停止充气,维持坡体后缘入渗水位不变,观察坡体地下水位变化情况,结果如图5.9所示。可以看出,在停止充气1 min内,充气点周围1 m范围内的7号测点~12号测点的地下水位发生大幅降低,特别是距充气点最近的9号测点和10号测点,水位降低至自然渗流条件时地下水位的一半左右,说明关闭充气管后,坡体内非饱和区的气压会快速下降,被高压气体驱排的地下水会迅速回流到充气形成的非饱和区。由图5.9可见,7号测点~12号测点在停止充气1 min内的地下水位降幅均大于20%,这表明在充气过程中形成的稳定非饱和区具有较大的范围。停止充气10 h后,充气点下游地下水位有所回升,但远未恢复充气前的水平。这说明充气形成的非饱和区并不会因为停止充气而很快失去截水作用,在停充后一定时间内仍会封存大量气体,持续阻止坡体上游地下水向非饱和区下游入渗。

5.1.3　初始地下水位对充气过程的影响

为研究坡体初始地下水位对充气过程中地下水位变化的影响,将后缘入渗水位分别设置为0.4 m、0.6 m和0.8 m,自然渗流稳定后可以得到不同的坡体初始地下水位,然后分别进行充气试验,即试验1~试验3,三组试验的充气压力均设置为15 kPa。每组试验的充气时间均不少于8小时,试验过程中持续监测坡体地下水位变化。试验结果表明,虽然坡体初始地下水位不断升高,但在15 kPa的充气压力下,充气方法均能发挥一定程度的截排水效果。

在非饱和区形成阶段,不同初始地下水位条件下,充气点周围地下水位变化有明显的差别。首先,充气过程刚刚开始时充气点周围地下水位出现快速上升的范围不断缩小,对于试验1~试验3,这个范围分别为2.8 m(6号测点~13号测点)、2.0 m(7号测点~12号测点)和1.2 m(8号测点~11号测点)。其次,充气点周围同一位置处地下水位的最大增量也不断减小,以三组试验中地下水位均有上升的10号测点为例,试验1~试验3中10号测点地下水位增量分别为0.25 m、0.14 m和0.10 m。

在非饱和区基本稳定阶段,不同初始水位条件下,坡体地下水位变化有共同点,主要表现在以下几个方面:充气点周围因形成了基本稳定的非饱和区,地下水位均有较大的稳定增量;非饱和区上游坡体地下水位有所抬升;非饱和区下游不同位置处的地下水位均随充气时间不断降低,而且离充气点较近处,地下水位降幅往往也较大。但是,不同初始水位条件下,坡体地下水位变化也有明显的差异,即经过相同的充气时间后,充气点下游同一位置处的地下水位降幅有很大差别。充气8 h后,试验1~试验3的坡体地下水位变化如图5.10所示,非饱和区下游不同位置处的地下水位降幅见表5.3。注意到,试验1中充气点下游地下水位下降的范围是从12号测点开始的,而试验2和试验3地下水位下降的范围是从11号测点开始的,这是由于后缘入渗水位为0.4 m时充气产生的稳定的非饱和区具有较大的范围,使得11号测点处于非饱和区内,而其余两组试验的稳定非饱和区范围相对较小,未能扩张至11号测点附近。由表5.3可知,在15 kPa的充气压力下充气8 h后,后缘入渗水位为0.4 m、0.6 m和0.8 m时,坡体地下水位下降区的水位平均降幅分别为12.1%、9.6%和4.5%。由此可见,当后缘入渗水位升高时,一定充气压力下形成的非饱和区的范围会逐渐缩小,导致其截水能力逐渐减弱。

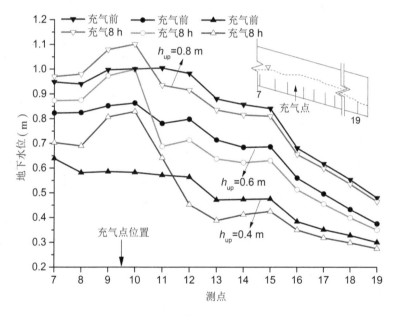

图5.10　不同后缘入渗水位下坡体地下水位变化(P=15 kPa)

选取位于充气点下游1 m处的12号测点,具体分析在试验1~试验3中初始地下水位对充气过程中地下水位变化的影响,如图5.11所示。试验1中自然渗流时12号测点初始地下水位稳定在0.564 m,充气过程开始后,12号测点地下水位在短时间内迅速上升约0.1 m,然后开始不断下降。在0.5 h和3 h之间,12号测点地下水位降低速率很快,充气3 h后地下水位降幅达到了16.7%。充气约4 h后水位基本稳定,地下水位降幅为19.7%。试验2中12号测点的初始地下水位升高至0.798 m,充气开始时12号测点地下水位增量相比试验1要小,为0.06 m,而且充气一定时间后的地下水位降低速率也低于试验1,充气3 h后地下水位降幅为7.3%。充气约5 h后水位基本稳定,地下水位降幅为13.2%。试验3中12号测点的初始地下水位进一步升高至0.982 m,在充气开始时12号测点地下水位在15 kPa的充气压力作用下几乎没有上升。在充气过程中12号测点的地下水位降低速率也有明显减小,充气3 h后地下水位降幅仅为3.3%。充气约6 h后地下水位基本稳定,地下水位降幅为6.8%。对于非饱和区下游距充气点更远的测点,在不同初始地下水位条件下的地下水位变化情况与此类似。所以,当充气压力维持不变时,坡体初始地下水位越高,非饱和区下游地下水位降低速率和地下水位降幅越小,充气的截排水效果越差。

表5.3 试验1～试验3充气8 h后坡体地下水位降幅

测点	后缘入渗水位(m)		
	0.4 m	0.6 m	0.8 m
11	–	14.2%	7.0%
12	19.7%	13.2%	6.8%
13	17.8%	10.8%	5.1%
14	13.1%	9.1%	4.9%
15	10.7%	8.2%	3.7%
16	8.9%	8.4%	3.8%
17	9.4%	8.3%	3.1%
18	9.3%	7.9%	3.3%
19	7.7%	6.7%	3.1%
平均降幅	12.1%	9.6%	4.5%

充气方法中发挥截排水作用的非饱和区,是由坡体内充入的高压气体向四周驱排地下水形成的,在气驱水的过程中压缩气体要克服静水压力和毛细作用力等阻力。试验1～试验3坡体初始地下水位不断升高,坡体内的静水压力也随之升高,压缩气体需要克服的阻力则会越来越大,充气形成的非饱和区扩张范围以及非饱和区饱和度降低程度将逐渐减小,导致充气方法的截排水效果也越来越差。所以,在坡体初始地下水位升高时,为保证充气非饱和区的截排水能力,需要提高充气压力。

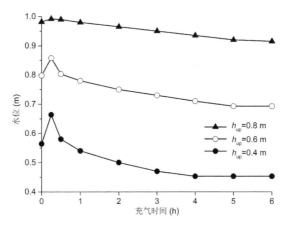

图5.11 不同后缘入渗水位下12号测点地下水位变化($P=15$ kPa)

5.1.4 充气压力对地下水位变化的影响

为了研究充气压力对坡体地下水位变化的影响,对后缘入渗水位0.8 m进行了15 kPa、17 kPa、19 kPa和21 kPa四组压力下的充气试验,即试验3～6 h,试验过程中持续监测坡体地下水位变化。

首先,对比在非饱和区形成阶段不同充气压力下坡体地下水位的变化情况。试验结果表明,在非饱和区形成阶段初期,充气压力越高,充气点周围地下水位出现快速上升的范围越大,当充气压力分别为15 kPa、17 kPa、19 kPa和21 kPa时,这个范围分别为1.2 m、1.6 m、2.0 m和2.4 m。而且,对于充气点周围同一位置处的地下水位,在不同充气压力下的最大增量也不同,以四组试验中地下水位均有上升的10号测点为例,当充气压力分别为15 kPa、17 kPa、19 kPa和21 kPa时,10号测点地下水位最大增量分别为0.10 m、0.21 m、0.29 m和0.35 m。

在非饱和区基本稳定阶段,充气8 h后,不同充气压力下的坡体地下水位变化如图5.12所示,非饱和区下游不同位置处的地下水位降幅见表5.4。可以看出,在不同充气压力下,充气点周围地下水位均有高于自然渗流时的稳定增量,这表明坡体内均形成了较为稳定的非饱和区。不同充气压力下,非饱和区上游坡体地下水位均有所抬升,非饱和区下游坡体地下水位较自然渗流情况均有一定幅度的下降,而且离充气点较近处,地下水位降幅往往也较大。非饱和区下游相同位置处的地下水位降幅在不同充气压力条件下有很大差别。四组试验中,充气压力每提高一次,非饱和区下游坡体地下水位均有进一步的降低,大多数测点降幅增加约2%～5%,当充气压力分别为15 kPa、17 kPa、19 kPa和21 kPa

时,充气8 h后非饱和区下游地下水位平均降幅分别为4.5%、7.4%、10.1%和13.3%,从地下水位降幅角度来评价充气压力的截排水效果,可以得出,较高的充气压力下的截排水效果一般也较好。

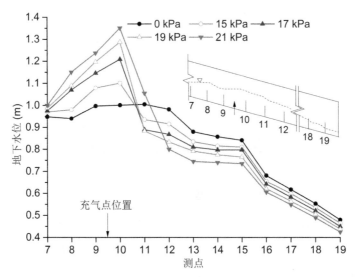

图5.12 不同充气压力下坡体地下水位变化(h_{up}＝0.8 m)

表5.4 后缘水位0.8 m在不同充气压力下的地下水位降幅

测点	15 kPa	17 kPa	19 kPa	21 kPa
11	7.0%	11.5%	12.1%	–
12	6.8%	11.6%	15.2%	18.5%
13	5.1%	8.0%	10.0%	15.3%
14	4.9%	7.0%	9.6%	13.7%
15	3.7%	5.2%	9.0%	12.6%
16	3.8%	5.7%	8.8%	11.2%
17	3.1%	5.7%	8.6%	11.2%
18	3.3%	5.8%	8.5%	11.6%
19	3.1%	6.2%	8.8%	11.5%
平均降幅	4.5%	7.4%	10.1%	13.2%

　　选取位于充气点下游1 m处的12号测点,具体分析充气压力大小对充气过程中坡体地下水位变化的影响,如图5.13所示。试验3中充气压力为15 kPa,充气刚刚开始时的非饱和区形成阶段初期12号测点地下水位几乎没有变化,约1 h后,12号测点地下水位开始缓慢降低,充气3 h及充气6 h后,地下水位降幅分别为3.3%、6.8%。试验4中充气压力提高到17 kPa,非饱和区形成阶段初期12号测点地下水位有较为明显的升高,但很快又恢复到充气前的水位。充气约30 min进入非饱和区稳定阶段后,12号测点地下水位继续下降,降低速率高于试验3,充气3 h及充气6 h后,地下水位降幅分别为8.8%、11.6%。试验5中充气压力继续提高到19 kPa,充气刚刚开始时的几分钟内12号测点地下水位有更加显著的升高,而且同样很快回落,以更大的降低速率逐渐降低。充气3 h及充气6 h后,地下水位降幅分别为9.9%、15.2%。试验6中充气压力最高,为21 kPa,非饱和区形成阶段初期12号测点地下水位上升幅度也最大,非饱和区基本稳定阶段地下水位降低速率也最大,充气3 h及充气6 h后,地下水位降幅分别为10.9%、18.5%。对于充气点下游距充气点更远的测点,在不同充气压力下的地下水位变化情况与此类似。所以,当后缘入渗水位保持不变时,充气压力越高,充气点下游地下水位降低速率和地下水位降幅越大,充气的截排水效果越好。

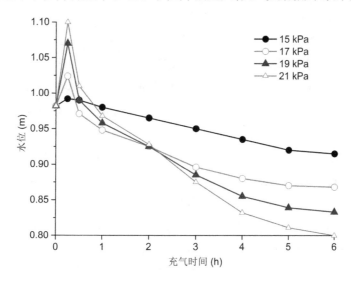

图5.13　不同充气压力下12号测点地下水位变化(h_{up}=0.8 m)

　　四组试验中坡体地下水位变化情况的差异,是由于不同充气压力下形成的非饱和区的过程的差异造成的。充气排水形成非饱和区的过程是非活塞式驱替过程,对于渗流通道孔径大小不一的土体来说,高压气体会优先选择压力较低的路径前进,优先进入阻力较小的大孔道驱赶水流,而小于等于某孔径的孔道内水不能排出。当充气压力升高时,充气排水波及的孔径范围扩大,高压气体能够驱排的水量也会随之增加。这就使得坡体内形成的非饱和区的范围也随之增大,非饱和区的饱和度降低程度也越大。根据饱和度和水相渗透系数之间的关系,坡体非饱和区的水相渗透系数随饱和度降低而急剧下降,所以合理提高充气压力,可以提高非饱和区的阻渗作用,得到更好的截排水效果。

5.2 边坡充气形成非饱和阻水区的过程分析

将高压气体充入坡体内部驱排地下水形成非饱和区截水帷幕的过程,实质上是多孔介质中气-液两相渗流的问题,目前,在地下水曝气法及核废料深地处置库等领域的研究已经获得了多孔介质中两相及多相渗流过程的初步认识。在地下水曝气法方面,研究表明曝气过程中气体流动主要有气泡流和微通道流两种形式(Ji et al.,1993; Peterson et al.,2001)。在核废料深地处置库领域,研究表明气体通过饱和压密膨润土的运移过程可以根据气体压力与施加在土样上的围压之间的关系分为若干个阶段(Hildenbrand et al.,2002; Ye et al.,2014)。但目前对充气截排水技术,尚未进行高压气体在坡体环境中的扩散运移方面的深入研究。在已经验证了充气非饱和区截水作用的有效性的基础上,进一步分析充气形成非饱和阻水区的过程及气驱水的两相渗流机理,对于高压充气截排水技术基础的奠定具有重要意义。

本节是在前期试验研究及前人多孔介质中多相渗流已有研究的基础上,设计了更加接近实际边坡情况的模型试验,通过试验监测充气压力由小到大变化过程中充气形成的非饱和区内部测压管水位变化情况及充气点下游坡体水位降低情况,探究了不同充气压力下压缩气体在坡体中的运移特征,形成的非饱和区气水渗流的特点,以及对应的截水效果,研究结果可为确定充气压力的合理分布范围奠定理论基础。

5.2.1 边坡充气模型试验

5.2.1.1 试验模型及方案

试验模型仍采用图5.1所示模型,充气点设置在距坡体上游边界3.0 m处。坡体后缘水位高度设置为相对模型箱底高1 m,充气压力分别为6 kPa、9 kPa、12 kPa、15 kPa、18 kPa、21 kPa、24 kPa、27 kPa、30 kPa、33 kPa、36 kPa、39 kPa和42 kPa共13个试验压力。试验步骤如下:第1步,维持后缘水位稳定在1 m,持续监测坡体水位及渗流量的数值至不再发生变化,认为自然渗流达到稳定状态;第2步,开启空气压缩机,调节压力调节阀逐级加载,初始压力为3 kPa,每次增加1 kPa,每一级压力下均至少维持5 min左右再进行下一次加载,直至加载至试验压力,在试验压力下持续充气72 h,继续监测坡体水位及渗流量;第3步,关闭空气压缩机,后缘不再供水,使坡体静置1周,在自然状态下疏干稳定。至此一次充气试验完成。然后重复第1步～第3步,进行下一组充气试验,直至全部试验完成。试验过程中,仔细观察并记录充气压力由小到大变化过程中充气点附近地下水位测管中的水位变化情况,每隔一定时间记录整个坡体的地下水位值、坡体前缘渗流量及坡体表面位移的变化。

5.2.1.2 试验结果分析

在坡体内充气形成非饱和区的过程中,土体孔隙内气水相互驱替,孔隙气压力和孔隙水压力不断变化,引起了充气点附近的测压管中水位的变化。非饱和阻水区的形成减缓了坡体上游的地下水向坡体下游的渗流,进而使得坡体上游和坡体下游的地下水位也不断变化,充气压力逐渐增大时坡体地下水位的变化如图5.14所示。试验结果显示,随着充气压力的增加,坡体地下水位和充气非饱和区的截水效果的变化呈现出一定的阶段性。

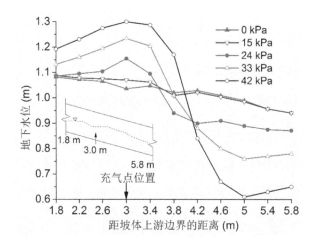

图5.14　充气压力逐渐增大时坡体地下水位的变化

　　根据地下水位测管监测到的自然渗流时充气点附近的地下水位值可知,充气点附近的孔隙水压力约为8~9 kPa。充气压力为9 kPa时的充气试验中,充气点附近测管的地下水位没有变化,显然充气压力仅仅克服充气点处的静水压力时,还不足以进入土体孔隙驱排地下水。当压力增加到15 kPa时,开始监测到充气点附近地下水位缓慢上升,即土体中的充气排水过程开始,但经过充气较长时间后,仅在充气点附近测管的水位有小幅变化,充气点下游坡体的地下水位并未出现明显的降低,如图5.14所示。这表明,当充气压力仅仅能够使得压缩气体进入土体孔隙时,充气方法仍不能在坡体内形成有效的非饱和区并发挥截水作用。

　　充气压力超过15 kPa后,随着充气压力的增加,充气点附近测管水位不断上升。充气点下游的地下水位在充气初期无变化,或仅有微量的增加,在充气一段时间后开始下降,而且充气压力越高,同样充气时间后的下游坡体的地下水位降幅越大。充气点上游的地下水位呈现与充气点下游相反的变化趋势,如见5.14所示。这表明坡体内已经形成能够发挥截水效果的非饱和区,且非饱和区的阻水作用随充气压力增加而增强。

　　充气压力增加至33~36 kPa左右时,观察到充气点周围测点水位在经过一定时间的缓慢上升后,出现上下波动的现象。随着充气压力继续增加,充气点附近测管的水位的波动现象逐渐平复,水位又有了一定的上升,而坡体下游地下水位逐渐下降,如图5.14所示,非饱和区的截水效果进一步提升。当充气压力增加至42 kPa以上后,充气点附近测管水位已经有了很大的增量,部分测管甚至有地下水冲出。此外,坡体表面的变形监测数据显示,充气点上方的坡体表面局部发生了向坡体外部的位移。

边坡充气试验中得到的不同充气压力范围下坡体地下水位变化总结见表5.5。从表5.5中可以看出充气点附近的测压管水位随充气压力的阶段性变化特点。进一步研究这一阶段性变化背后的机理,对于充气截排水方法理论基础的奠定,以及后期指导充气压力的设计和优化,具有重要意义。

表5.5　不同充气压力范围下坡体地下水位的变化

充气压力 P (kPa)	坡体地下水位变化
0~15	充气点附近测管水位和坡体下游地下水位均无变化
15~33	充气点附近测管水位开始缓慢上升,坡体下游地下水位在充气初期无变化或有微量增加,后期逐渐下降
33~36	充气点附近测管水位上下波动,坡体下游地下水位逐渐下降
36~42	充气点附近测管水位上下波动现象逐渐平复,而后测管水位逐渐上升,坡体下游地下水位继续降低
>42	充气点附近测管水位增量很大,甚至冲出测管

5.2.2　充气非饱和区形成过程分析

充气截排水技术,是通过向坡体内不断注入高压气体驱排孔隙水,降低水相饱和度形成低渗透性的非饱和区实现截水目的的。前文物理模型试验的结果展示了充气形成非饱和阻水区的过程中,非饱和区内部测压管的水位随着充气压力的增加呈阶段性变化,这一试验现象的根本原因是,充气形成的非饱和阻水区的水-气形态和水-气两相流动特征在发生阶段性变化。基于物理模型试验中不同充气压力下测压管水位和非饱和区的截水效果变化情况,分析充气非饱和区内高压气体扩散运移的微观机理,将非饱和区形成过程随充气压力的变化划分为如下五个阶段,如图5.15所示。

5.2.2.1　第一阶段

充气点位于坡体地下水位线以下某一深度,充气前充气点周围是完全饱和的,而且承受一定的静水压力。充气压力由0开始逐渐增加,作用在充气点处水-气分界面上的气相压力逐渐增加,所以水中溶解的空气量不断增加并通过扩散的方式运移。气体通过扩散方式迁移的能力是有限的,当水中溶解的空气的量超过扩散运移的气体量时,此时,以出现第一个(批)封闭气泡为标志,充气点附近的水中开始产生游离气相,至此第一阶段结束。第一阶段是因充气压力增加气相不断向水相中溶解,并以扩散的方式运移的阶段,此阶段主要特征是,充气点周围无非饱和区,水中无游离气相存在,水的饱和度 $S_w = 1$ 而气相饱和度 $S_g = 0$,如图5.15(b)所示。根据Boom黏土中天然气的生成和迁移方面的研究(Mallants et al.,2009),充气点附近开始产生游离气相时的气压 P_g,等于充气点处的孔隙水压力。

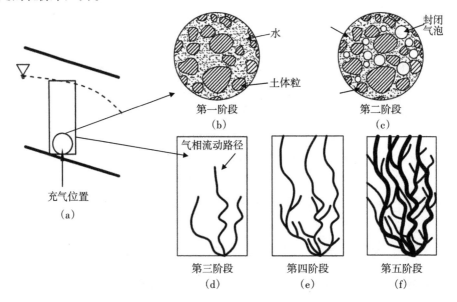

图5.15 充气非饱和区形成的若干阶段

5.2.2.2 第二阶段

当土体中开始产生以封闭气泡形式存在的游离气相,如图5.15(c)所示,充气过程进入第二阶段。随着充气压力的继续增加,集中在充气点附近的气泡大小和气泡数量均不断增大,气相饱和度 S_g 开始大于零并逐渐增加,但 S_g 仍然很小,小于残余气体饱和度,即 $0 < S_g < S_{gr}$,所以气相的相对渗透率 $K_{rg} = 0$,气相仍处于不流动状态。研究(俞培基和陈愈炯,1965)表明,当气相饱和度尚未达到10%时,气相呈封闭气泡状态。第二阶段充气点附近开始形成小范围的非饱和区,非饱和区中的气-水形态属于气封闭系统,孔隙气相以气泡形态存在,被孔隙水所分隔、孤立,对处于连通状态的孔隙水的流动影响很小。所以,第二阶段的充气过程虽然开始形成非饱和区,但在此压力下,充气截排水方法仍不能

发挥截水效果。

5.2.2.3　第三阶段

当充气压力继续增大至某一值时,土体中气相饱和度 S_g 将开始大于残余气体饱和度 S_{gr},气相的相对渗透率 K_{rg} 开始大于零,气体开始进入充气点附近孔径最大的土体孔隙驱排孔隙水,充气过程进入第三阶段。在这个阶段,气相驱替水相的流动正式开始,但仅仅发生在土体中一小部分孔径最大的孔隙中,如图5.15(d)所示。第三阶段,非饱和阻水区逐渐开始发挥截水作用,非饱和土水-气形态是介于气封闭系统和双开敞系统之间的过渡形态。研究(俞培基和陈愈炯,1965)表明,当气相饱和度增加至10%～15%时,气相开始变得连续,非饱和土中的气体流动从该饱和度开始。

土体中孔隙很小,在细观上会产生类似毛细管的孔隙通道,土体孔隙中的气驱水流动可以基于毛细管模型来分析,如图5.16所示。压缩空气刚好能够进入饱水的土体孔隙排水的临界条件是,充气压力 P 开始大于此处的孔隙水压力与毛细作用力之和。此时的充气压力称为进气压力 P_{entry},由图5.3可知,进气压力 P_{entry} 的计算公式为:

$$P_{entry} = \gamma_w h + \frac{2T\cos\alpha}{r} \tag{5-2}$$

其中,P_{entry} 为起始充气压力(kPa);γ_w 为水的重度(kN/m³);h 为充气点处的水头高度(m);T 为表面张力(kN/m);α 为孔道管壁与表面张力夹角(通常认为,对土中硅酸盐矿物、纯水和大气来说,α 为零);r 为充气点附近的最大孔隙通道半径(m)。结合前文试验结果可知,对于本节的充气试验,进气压力 P_{entry} 在15 kPa左右,此时充气方法不能在坡体内形成有效的非饱和阻水区并发挥截水作用。

在第三阶段,随着充气压力的增加,充气排水波及的孔径范围逐渐扩大,压缩气体不断进入孔径较大的土体孔隙,持续驱排土体内的孔隙水。由于气、水黏度相差很大,而且土体不可能是完全均质的,对于渗流通道孔径大小不一的土体来说,高压气体会优先选择阻力较小的大孔道驱赶水流,大孔道内气水驱替界面优先于小孔道内推进,充气排水过程呈现"指进"现象,即气体驱排孔隙水的驱替前缘不是整齐的向前推进,而是存在部分驱替前缘以"手指状"迅速向远处延伸,如图5.17所示。由于指进现象将使得部分孔道内气体首先与大气连通,发生气体突破,至此第三阶段结束。

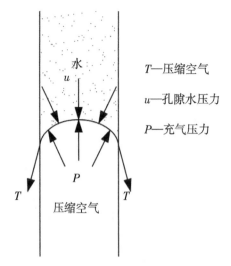

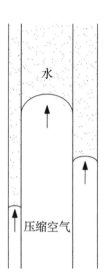

图5.16　土体孔隙中的充气排水过程　　　图5.17　充气排水过程中的指进现象

5.2.2.4　第四阶段

气体突破现象标志着充气过程进入第四阶段。发生气体突破时,部分大孔道内的气体首先与大气连通,土体局部形成优势渗流通道。由于优势渗流通道内大量气体突破进入大气,流量的大幅增加使得气流通道的气压无法维持而衰减,发生突破的气流通道将重新被周围的孔隙水回流填充,气体优势渗流通道闭合。其余未发生气体突破现象的孔隙仍存留相当一部分气体,由于气体突破导致的气压下降,这些孔隙通道内的气驱水界面将有所倒退。但随后,随着气体优势渗流通道的闭合,气压又会重新积聚,直至再次形成优势渗流通道。在充气压力维持在突破压力的情况下,土体中气水驱动过程将呈现优势渗流通道不断打开和关闭的循环模式。正是气体突破的发生,导致坡体内的气压上下波动,进而引起前文试验中观察到的充气点附近测管水位的波动现象:在发生气体突破的瞬间,坡体内气压降低,充气点附近测管的水位会突然下降;随着优势渗流通道的关闭,坡体内气压开始积聚,测管水位下降到某一值后开始缓慢上升;随着优势渗流通道的打开和关闭,测管水位也不断波动。

发生气体突破时的充气压力称为突破压力 $P_{breakthrough}$。气流驱动水流在土体孔隙通道中流动的过程中,充气压力为驱动力,毛细压力是阻力,根据Young-Laplace公式,土体孔隙半径越小,需要克服的毛细压力越大,所以,气驱水流动通道最小半径处的毛细压力决定了气相在土体孔隙通道中流动所需要克服的最大阻力,即突破压力 $P_{breakthrough}$ 的大小主要受土体孔隙通道的最小半径所控制。在高放射性废物深地处置库及二氧化碳地下存储领域,许多学者基于试验得出了突破压力 $P_{breakthrough}$ 和土体绝对渗透系数 k_{abs} 的关系式(Hildenbrand et al.,2002),一般表达式为:

$$\ln P_{breakthrough} = a \ln k_{abs} + b \tag{5-3}$$

其中,a,b 为常数。对于本节的充气试验,突破压力 $P_{breakthrough}$ 在 33 kPa 左右。

充气压力在突破压力的基础上继续增加,土体中会有更多孔道内气体与大气连通形成优势渗流通道,部分优势渗流通道在持续不断的压力下一直保持贯通状态,气体主要沿这些优势渗流通道流动,其他通道基本不再发生气驱水过程。在第四阶段,气体沿着相对固定的孔隙向外逸出,土体内水的渗流路径也重新趋于稳定,非饱和区形态也相对固定,如图 5.15(e)所示。第四阶段土体中已经形成较大范围的非饱和区,非饱和区中的气-水形态属于双开敞系统,即土体内的孔隙气和孔隙水都是互相连通的,气液两相都有各自的通道通向土体表面。

5.2.2.5 第五阶段

若气压继续增大,充气压力达到远大于 $P_{breakthrough}$ 的水平,原有的优势渗流通道不足以及时排出大量进入土体的压缩气体。在这种情况下,压缩气体为了更快排出土体,土体原有孔隙渗流通道会发生孔径扩张,而且气相渗流路径将增加,不再集中在某几个优势渗流通道,如图 5.15(f)所示。物理模型试验中,当充气压力超过 42 kPa 后监测到坡体表面的隆起现象表明,充气压力的增加已经使得坡体内部分土体孔隙渗流通道的孔径发生了扩张。在第四阶段后期,土体中非饱和区不断扩大,水相饱和度不断降低,当水相饱和度降低至残余水相饱和度,即有 $S_w < S_{wr}$ 时,孔隙水将被孔隙气和土粒所分隔、孤立,处于封闭状态,非饱和区中的气-水形态发展为水封闭系统,残余饱和度的值大约分布在 15%~20%(俞培基和陈愈炯,1965)。在这种形态下,液相之间无水力联系,只有孔隙气体流动,水相的相对渗透率 $K_{rw} = 0$。

综上所述,非饱和阻水区两相渗流特征随充气压力的增加呈阶段性变化,依次经历如下五个阶段:土体完全饱但气相不断向水相中溶解扩散的第一阶段,开始出现不流动的封闭气泡的第二阶段,气相开始在小部分孔径较大的连通孔隙中流动的第三阶段,气相沿优势渗流通道流动的第四阶段,原有孔隙渗流通道孔径扩张且气相渗流路径增加的第五阶段。非饱和阻水区的水-气形态特征逐渐从气封闭系统过渡为双开敞系统,最终接近水封闭系统。充气非饱和区形成的不同阶段对应的压力范围、充气形成的非饱和区的水–气形态和两相流渗流特征简要总结见表5.6。

表5.6 充气形成非饱和区过程中的各个阶段及特点简表

阶段	充气压力	非饱和阻水区 水–气形态	非饱和阻水区的两相流特征
第一阶段	$0 — P_g$	完全饱和状态	只有水相流动,气相不断向水相中溶解
	P_g	气封闭系统	开始产生第一个(批)封闭气泡
第二阶段	$0 — P_{entry}$	气封闭系统	充气点附近存在少量以封闭气泡形式存在的不流动气相。$0 < S_g < S_{gr}$;$K_{rg} = 0$
	P_{entry}	气封闭系统	气相恰好能够进入土体中最大孔隙
第三阶段	$P_{entry} — P_{breakthrough}$	介于气封闭系统和双开敞系统之间的过渡形态	气相开始在最大的土体孔隙中流动。$S_g > S_{gr}$;$K_{rg} > 0$
	$P_{breakthrough}$	双开敞系统	发生气体突破,土体局部形成优势渗流通道
第四阶段	$P > P_{breakthrough}$	双开敞系统	气相和水相均有相对固定的渗流通道
第五阶段	$P \gg P_{breakthrough}$	前期双开敞系统,后期逐渐接近水封闭系统	土体原有孔隙渗流通道的孔径扩张,气相渗流路径增加

5.3 非饱和区的长度和宽度对截水效果的影响

充气形成的低渗透性非饱和区是充气截排水方法发挥截水作用的关键,非饱和区的范围大小是影响充气截水效果的重要参数。充气形成的非饱和区范围与充气压力、充气点深度、土体性质以及地下水文地质特征等很多因素相关。在地下水曝气领域的研究表明,单个曝气点形成的非饱和区的形状为圆锥面形或抛物面形,而且单点曝气形成的曝气影响区域是有限的,合理布置多个曝气点才能实现较好的修复效果。对充气截排水方法,为了达到预期的截水目标,同样需要考虑布置多个充气点,扩展充气非饱和区的范围。

为了研究充气非饱和区范围对充气截水效果的影响,下面首先定义反映非饱和区范围特征及充气截水效果的参数。实施充气截排水方法后,如图5.18所

示,坡体可分为三个区域:

(1) 上游地下水补给区,主要参数有上游地下水补给区长度L_0和宽度B_0,地下水补给流量Q_0。

(2) 充气形成的非饱和阻水区,采用三个参数来描述非饱和区的性状:非饱和区渗透系数k_P、非饱和区长度L_P和非饱和区宽度B_P。充气形成的非饱和区是三维的,将非饱和区垂直渗流方向上的长度记为非饱和区的长度,非饱和区沿渗流方向上的长度记为非饱和区的宽度,非饱和区沿竖直方向上的长度记为非饱和区的高度。这里仅分析长度和宽度这两个维度,对于非饱和区高度,笔者认为近似等于充气点以上的地下水位高度。

(3) 地下水位控制区,即潜在滑坡区,主要参数为充气后地下水位流量Q_P。

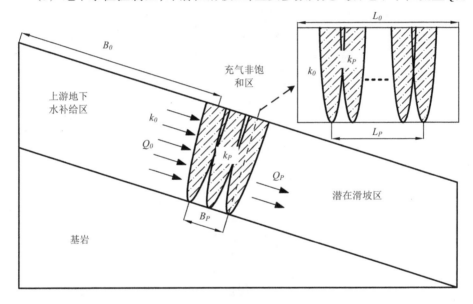

图5.18　充气非饱和区的特征参数

充气作用后,充气点周围形成的低渗透性的非饱和区使得坡体下游地下水的渗流量减小,定义充气截水效果的评价参数——充气截排水方法的阻水比λ:

$$\lambda = \frac{Q_0 - Q_p}{Q_0} \qquad (5\text{-}4)$$

下面研究非饱和区长度和宽度改变时充气截排水方法的阻水比的变化规律。

试验模型如图5.19所示,充气点在坡体纵向和横截面方向的位置如图5.20

所示,横截面方向预设L1~L5共五个充气点,纵截面方向预设B1~B5共五个充气点,相邻充气点间距为0.4 m。考虑到非饱和区的确切长度难以界定,结合试验中观测到的充气过程中充气点附近地下水位变化情况,考虑到本研究中充气点之间间距较小,下文分析中将非饱和区的长度和宽度范围简化为充气点的覆盖范围。这一简化忽略了边缘充气点的部分非饱和区范围,是偏于保守的简化。

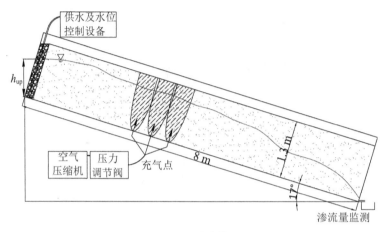

图5.19　试验模型

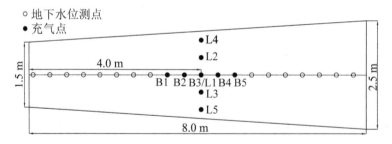

图5.20　模型箱底地下水位测点及充气点

5.3.1　充气非饱和区长度

首先研究沿坡体横截面方向布置多个充气点以改变非饱和的长度时充气截排水方法的截水效果,充气试验方案见表5.7。试验过程中坡体后缘水位始终保持0.8 m,每次充气试验都是在自然渗流稳定后进行的,充气过程中不断监测并记录坡体地下水位和前缘渗流量的变化。试验步骤如下:第1步,维持后缘水位稳定在0.8 m,持续监测坡体水位及渗流量的数值至不再发生变化,认为自然渗流达到稳定状态。第2步,开启空气压缩机,调节压力调节阀至所需充气压力,继续监测坡体水位及渗流量的数值至不再发生变化,认为充气渗流达到稳定状态。第3步,关闭空气压缩机,后缘不再供水,使坡体静置1周,在自然状态下疏干稳定。至此,一次充气试验完成。然后重复第1步～第3步,进行下一组充气试验,直至完成全部试验。

表5.7　不同充气非饱和区长度下的充气试验

试验	充气压力(kPa)	充气点覆盖范围 L(m)	充气点位置
1	17	0.4	L1/L2
2		0.8	L1/L2/L3
3		1.2	L1/L2/L3/L4
4		1.6	L1/L2/L3/L4/L5
5	21	0.4	L1/L2
6		0.8	L1/L2/L3
7		1.2	L1/L2/L3/L4
8		1.6	L1/L2/L3/L4/L5

不同非饱和区长度下充气点下游坡体地下水位变化如图5.21所示。8组试验中,实施充气截排水方法后下游坡体的地下水位较自然渗流情况均有一定幅度的下降,这表明充气可以在坡体内形成相对稳定的非饱和区截水帷幕,阻止上游坡体地下水的下渗。17 kPa充气压力下,随着非饱和区长度的增加,坡体下游3.8～7 m范围内地下水位的降幅也近似成比例增加,充气方法的截水效果有了显著提升。21 kPa充气压力下,地下水位的降幅先随非饱和区长度的增加近似成比例增加,而后降幅的减小,非饱和区长度的增加对截水效果的提升作用减弱。

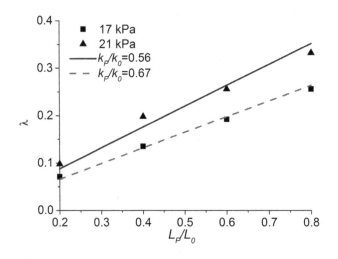

图5.22 试验中阻水比随非饱和区长度的变化

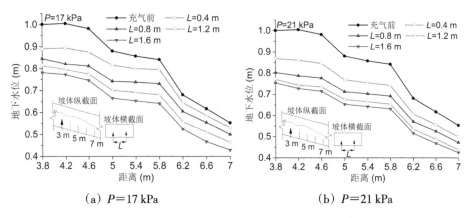

（a）P＝17 kPa   （b）P＝21 kPa

图5.21 不同非饱和区长度下地下水位的变化

当在坡体内施加充气压力 P 时，充气点周围逐渐形成一定范围的非饱和区。在充气前的自然渗流状态下，过水断面的面积为 A_0，渗透系数为 k_0，坡体水力坡降为 i，充气前过水断面的地下水渗流量为：

$$Q_0 = k_0 i A_0 \qquad (5-5)$$

实施充气压力为 P 的充气作用后，在过水断面上形成的非饱和区的面积为 A_P，非饱和区部分的渗透系数为 k_P，过水断面上未受到充气影响的饱和区的渗透系数仍为 k_0，假定坡体水力坡降保持不变，则充气后过水断面的地下水渗流量为：

$$Q_P = k_P i A_P + k_0 i (A_0 - A_P) \qquad (5-6)$$

将式(5-5)和(5-6)代入式(5-4),得阻水比与非饱和长度的关系为:

$$\lambda = \left(1 - \frac{k_P}{k_0}\right)\frac{A_P}{A_0} = \left(1 - \frac{k_P}{k_0}\right)\frac{L_P}{L_0} \tag{5-7}$$

可见,阻水比与非饱和区长度的扩展呈线性关系,线性系数取决于渗透系数的降幅。

试验测得的8组非饱和区长度与阻水比的关系如图5.22所示,17 kPa和21 kPa时阻水比随非饱和区长度的变化均近似呈线性关系,而且对式(5-7)中取$k_P/k_0=$0.67和$k_P/k_0=$0.53后得到的理论变化曲线可用来拟合17 kPa和21 kPa时得到的试验阻水比数据,试验结果较好地验证了前文的理论分析。此外,拟合结果还说明,在较高的充气压力下,非饱和区的渗透系数也降低得多。

需要指出的是,在充气点间距适当的情况下,在地下水渗流截面上增加多个充气点以扩展非饱和区的长度才能有效地增加阻水比。考虑充气点间距与单个充气点形成的非饱和区长度的关系,理论上存在以下两种情况:充气点间距大于单点充气非饱和区长度时,各个充气点独立发挥截水作用,相邻充气点形成的非饱和区不存在重叠区域,存在未被充气影响的饱和渗流区;充气点间距小于等于单点充气非饱和区长度时,相邻充气点形成的非饱和区存在重叠区域,在充气点作用范围内基本不存在未被充气影响的饱和渗流区。合理的充气点间距应取为略小于单点充气非饱和区长度的某一值,使得在充气点范围内,充气形成的非饱和区布满整个地下水渗流截面,以保证充气方法的截水效果;相邻充气点的非饱和区不存在大面积重叠,以避免充气资源的浪费。

5.3.2　充气非饱和区宽度

沿坡体纵截面方向布置多个充气点以改变非饱和区在坡体纵向的宽度时,充气截排水试验方案见表5.8。

表5.8　不同充气非饱和区宽度下的充气试验

试验	充气压力(kPa)	充气点覆盖范围B(m)	充气点位置
9	21	0.4	B1/B2
10		0.8	B1/B2/B3
11		1.2	B1/B2/B3/B4
12		1.6	B1/B2/B3/B4/B5

（续表）

试验	充气压力(kPa)	充气点覆盖范围 B(m)	充气点位置
13		0.4	B1/B2
14	25	0.8	B1/B2/B3
15		1.2	B1/B2/B3/B4
16		1.6	B1/B2/B3/B4/B5

充气压力为21 kPa时,实施充气截排水方法至坡体地下水位达到基本稳定后,四组试验得到的充气点下游坡体地下水位变化如图5.23(a)所示。可以看出,随着充气点数量的增加,下游坡体的地下水位均有了进一步的降低,从充气点下游4.6~7 m范围内坡体的地下水位平均降幅数据来看,试验9~12得到的降幅分别为6.4%、13.0%、18.7%和21.3%。显然,对21 kPa充气压力下四次增加充气点以扩展非饱和区宽度,前三次增加充气点对充气截水效果的提升作用十分显著,而第四次时截水效果的提升幅度较小。

充气压力为25 kPa时,四组试验得到的坡体地下水位变化如图5.23(b)所示,充气点下游地下水位的平均降幅分别为12.4%、22.3%、25.0%和27.3%。由此可以看出,对25 kPa充气压力下四次增加充气点以扩展非饱和区宽度,前两次增加充气点对充气截水的效果的提升作用十分显著,而第三、四次时,截水效果虽有所提升,但幅度较小。

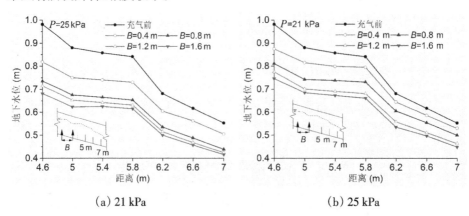

（a）21 kPa （b）25 kPa

图5.23 不同非饱和区宽度下地下水位的变化

下面分析改变非饱和区在坡体纵向的宽度时充气截排水方法的阻水比 λ。充气前后A-A截面处地下水渗流量 Q_0 和 Q_P 分别为:

$$Q_0 = k_0 i A_0 \tag{5-8}$$

$$Q_P = \frac{B_0 + B_P}{\dfrac{B_0}{k_0} + \dfrac{B_P}{k_P}} iA \tag{5-9}$$

其中，$\dfrac{B_0 + B_P}{\dfrac{B_0}{k_0} + \dfrac{B_P}{k_P}}$ 为沿渗流方向的等效渗透系数。将式(5-8)和(5-9)代入式(5-4)，得阻水比 λ 为：

$$\lambda = \frac{\dfrac{k_0}{k_p} - 1}{\dfrac{k_0}{k_p} + \dfrac{B_0}{B_0}} \tag{5-10}$$

由此可见，阻水比同时受渗透系数和非饱和区宽度影响。图5.24给出了充气形成的非饱和区渗透系数分别降低为初始渗透系数的1/2、1/5、1/20时，阻水比随非饱和区宽度的变化情况，可以看出，B_P/B_0 由0增加至1的过程中，阻水比 λ 随非饱和区宽度的增加先快速增加，而后增加速度逐渐放缓。当渗透系数降幅较小时，通过大幅增加非饱和区宽度并不能得到较高的阻水比，如图中 $k_P/k_0 = 0.5$ 所示，非饱和区宽度增加至与上游汇水区长度相等时，阻水比仅为0.33，；当渗透系数降幅较大时，仅需要很小的非饱和区宽度即可获得大的阻水比，如图中 $k_P/k_0 = 0.05$ 所示，当非饱和区宽度增加仅增加至上游汇水区长度的1/10时，阻水比急剧增加至0.63，但随着非饱和区宽度的继续增加，阻水比的增加逐渐放缓，并趋于稳定。

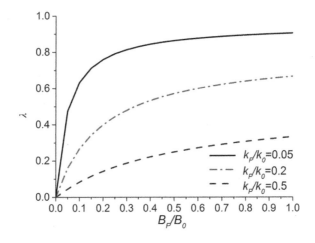

图5.24 阻水比随非饱和区宽度的理论变化曲线

试验测得的非饱和区宽度与阻水比的关系如图5.25所示。由图5.25可见，21 kPa 和 25 kPa 时阻水比随非饱和宽度的变化情况分别与 $k_P/k_0=0.56$ 和 $k_P/k_0=0.48$ 时的理论变化曲线接近，试验结果较好地验证了前文的理论分析。

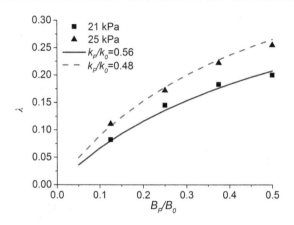

图5.25 试验中阻水比随非饱和区宽度的变化

综上所述，阻水比与非饱和区长度的扩展呈线性关系，线性系数取决于渗透系数的降幅，以略小于单点充气非饱和区长度的充气点间距来扩展非饱和区的长度，可以有效增加阻水比。阻水比随非饱和区宽度的增加先快速增加，而后缓慢增加并逐渐趋于稳定，阻水比随非饱和区宽度的增加速率变化而变化。最终稳定的阻水比主要取决于渗透系数的降幅，当渗透系数降幅较大时，仅需要很小的非饱和区宽度即可获得较大的阻水比。

第6章　充气过程中气水两相流基本特征数值模拟

土体是由水–气–固三相体构成的复杂系统,在饱和土体内充气,涉及气、水两相流问题。由于气、水两相具有不同的物理、化学性质,两相间存在分界面,而且这一分界面随着时间的推移不断随机变化,从而使得两相流动比单相流动复杂得多。目前的物理模拟试验很难反映充气截排水过程中流场的变化特征,需要借助数值模拟的方法来揭示充气过程中气、水在坡体内的运移规律。

6.1　气水两相流数值分析基础理论

6.1.1　控制方程

质量守恒方程是气水两相流的控制方程。在需要考虑气体影响的多相渗流问题中,往往将空气压力近似为大气压力。但在许多情况下,这种假设忽略了空气压力的影响,使得结果并不能很好地反映真实情况。因此,在模拟多相渗流问题时,有必要建立同时包含孔隙水压力和孔隙气压力的质量守恒方程。一维可压缩流体质量守恒方程的一般形式为:

$$\frac{\partial(\rho_f \theta_f)}{\partial t} = \frac{\partial}{\partial y}\left[-(\rho_f k_f)\frac{\partial H_f}{\partial y}\right] + Q_f \tag{6-1}$$

其中,下标"f"代表流体,可以为水、气体或者其他流体;ρ_f为流体密度;θ_f为流体的单位体积含量;t为时间;y为高度;K_f为流体的渗透系数;Q_f为单宽流量;H_f为总水头,由压力水头和位置水头两部分组成,可表示为:

$$H_f = \frac{P_f}{\gamma_{of}} + \frac{\rho_f}{\rho_{of}}y \tag{6-2}$$

其中,γ_{of}为标准状态下气体重度,ρ_{of}为标准状态下气体密度。

6.1.1.1 水相的质量守恒方程

由于水的压缩性较差,所以一般假设水为不可压缩流体,引入基质吸力作为水气毛细管压力差:

$$\frac{\partial \psi}{\partial t} = -\frac{\partial (P_a - P_w)}{\partial t} = \frac{\partial [\gamma_w H_w - P_a]}{\partial t} \tag{6-3}$$

将式(6-1)左边展开并将式(6-3)代入式(6-1)可得:

$$\frac{\partial \theta_w}{\partial t} = \frac{\partial \theta_w}{\partial \psi} \frac{\partial \psi}{\partial t} = m_w \frac{\partial \psi}{\partial t} = m_w \frac{\partial [\gamma_w H_w - P_a]}{\partial t} \tag{6-4}$$

式(6-1)右边可展开为:

$$\frac{\partial}{\partial y}\left[(\rho_w K_w)\frac{\partial H_w}{\partial y}\right] = K_w \frac{\partial H_w}{\partial y}\frac{\partial \rho_w}{\partial y} + \rho_w \frac{\partial}{\partial y}\left[K_w \frac{\partial H_w}{\partial y}\right] \tag{6-5}$$

联立可得水相的质量守恒方程:

$$m_w \gamma_w \frac{\partial H_w}{\partial t} = \frac{\partial}{\partial y}\left[K_w \frac{\partial H_w}{\partial y}\right] + m_w \frac{\partial P_a}{\partial t} + Q_w \tag{6-6}$$

6.1.1.2 气相的质量守恒方程

式(6-1)运用于空气时,可表示为:

$$\frac{\partial (\rho_a \theta_a)}{\partial t} = \theta_a \frac{\partial \rho_a}{\partial t} + \rho_a \frac{\partial \theta_a}{\partial t} = \frac{\partial}{\partial y}\left[(\rho_a K_a)\frac{\partial H_a}{\partial y}\right] + Q_a \tag{6-7}$$

$$\frac{\partial \rho_a}{\partial t} = \frac{\theta_a}{RT}\frac{\partial P_a}{\partial t} + \frac{\theta_a P_a}{R}\frac{\partial \left(\frac{1}{T}\right)}{\partial t} \tag{6-8}$$

在土体孔隙中,水体积减少量等于空气体积增加量,这可以通过基质吸力联系起来:

$$\rho_a \frac{\partial \theta_a}{\partial t} = -\rho_a \frac{\partial \theta_w}{\partial t} = \rho_a m_w \frac{\partial \psi}{\partial t} \tag{6-9}$$

将(6-3)、(6-8)和(6-9)代入式(6-7)并整理得气相的质量守恒方程:

$$\left(\frac{\theta_a}{RT} + \rho_a m_w\right)\frac{\partial P_a}{\partial t} = \frac{\partial}{\partial y}\left[\frac{\rho_a K_a}{\gamma_{oa}}\frac{\partial P_a}{\partial y} + \frac{\rho_a^2 K_a}{\rho_{oa}}\right] - \frac{\theta_a P_a}{R}\frac{\partial \left(\frac{1}{T}\right)}{\partial t} + \rho_a \gamma_w m_w \frac{\partial H_w}{\partial t} \tag{6-10}$$

其中,m_w 为土水特征曲线在某一特定孔隙水压力处的斜率,γ_w 为水的重度,K_w 为随含水率变化而变化的渗透性系数;H_w 为渗流过程中的总水头,P_a 为孔隙气压力,Q_w 为水的单宽流量;θ_a 为空气的单位体积含量,T 为温度,ρ_a 为气体密度,K_a 为随含水率变化而变化的透气系数,γ_{oa} 为标准状态下气体重度,ρ_{oa} 为标准状态下气体密度。对于干燥空气,$R = 287 \text{ J/(kg·K)}$。

6.1.2　土水特征函数与渗透系数函数

依据非饱和土理论和土壤学理论,土体的渗透性与土体含水量有关,可以通过土水特征曲线来描述非饱和土的渗透性与土体含水量之间的关系。笔者通过岩土工程软件 Geo-Studio 中的 AIR/W 和 SEEP/W 模块耦合来研究土体气水两相流变化规律。本次模拟采用 Van Genuchten 模型(1980)来定义土水特征曲线和土中气、水渗透率曲线。土水特征曲线计算公式如下:

$$\theta_w = \theta_r + \frac{\theta_s - \theta_r}{1 + \left[\left(\dfrac{\psi}{a}\right)^n\right]^m} \tag{6-11}$$

其中,θ_w 为体积含水量;θ_s 为饱和时的体积含水量;θ_r 为残余体积含水量;ψ 为基质吸力;a,m,n 均为拟合经验参数,$n = 1/(1-m)$。

导水率函数计算公式:

$$K_w = K_s \frac{\left[1 - a\psi^{n-1}\left(1 + (a\psi^n)^{-m}\right)\right]^2}{\left(1 + a\psi^n\right)^{\frac{m}{2}}} \tag{6-12}$$

其中,K_w 为渗透系数;K_s 为饱和渗透系数。

导气率函数计算公式:

$$K_a = K_{ad}\left(1 - S_w\right)^{0.5}\left(1 - S_w^{\frac{1}{q}}\right)^{2q} \tag{6-13}$$

其中,K_{ad} 为干土的透气率;S_w 为饱和度,$q = 2.9$。

6.2　气体对入渗影响的数值分析

充气截排水方法的实施过程是一个涉及气水两相流动的非饱和渗流过程,气体对渗流过程的影响是充气截排水技术的理论基础。目前在降雨入渗这一典型的非饱和渗流问题上,许多学者已经做了大量的研究工作,以往的研究往往基于单相流理论,后来逐渐引入了孔隙气体的影响。研究表明,在降雨入渗过程中,孔隙气体的存在会对水流的入渗产生不可忽略的影响。本节基于 SEEP/W 程序和 AIR/W 程序,对不考虑孔隙气体影响和考虑了孔隙气体影响的一维土柱降雨入渗过程进行分析,以揭示孔隙气体对水流入渗的影响。

6.2.1　不考虑气体影响的降雨入渗分析

模型采用一维土柱进行数值模拟,模型几何尺寸及网格划分如图6.1所示,土柱高为100 cm,宽为100 cm。该土柱初始状态为非饱和状态,孔隙气压力为大气压。土体顶面施加降雨入渗流量边界,流量的大小等于降雨强度,假定降雨强度为2.3e-5 m/s。程序运行时,会自动判断降雨强度和渗透率的关系:如果降雨强度大于表层土渗透率,则按定水头边界条件处理,多余雨量将不计入渗流计算;如果降雨强度小于表层土渗透率时,按定流量边界条件处理。地下水位于土柱底面处,侧面边界均为不透水边界。

根据Touma和Vauclin(1986)的试验资料,模拟采用的材料参数见表6.1,初始状态的孔隙水压力−9.8 kPa,土体的空气进气值为1.5 kPa。采用Van Genuchten模型拟合土水特征曲线函数和渗透系数函数,得出体积含水量与基质吸力的关系、透水系数与基质吸力的关系,分别如图6.2和图6.3所示。为了方便显示,图6.2和图6.3分别采用半对数(X轴为对数坐标)和全对数坐标表示。

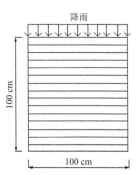

图6.1　边坡模型图示

表6.1　模型材料参数

饱和透水系数 K_s(m/s)	干土透气系数 K_{ad}(m/s)	饱和体积含水量 θ_s	残余体积含水量 θ_r	初始体积含水量 θ_0
3e−5	0.0077	0.31	0.0265	0.048

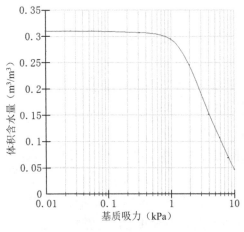

图6.2　体积含水量与基质吸力的关系

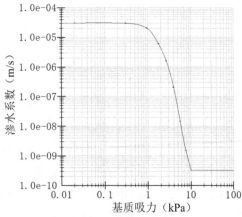

图6.3　透水系数与基质吸力的关系

基于SEEP/W程序对不考虑孔隙气体影响的一维土柱降雨入渗进行数值模拟,得到不同时刻的水流入渗速度矢量图,如图6.4所示。从图6.4中可以看出,1200 s时水流的入渗位置为0.767 cm;2400 s时水流的入渗位置为0.634 cm;3600 s时水流的入渗位置为0.51 cm;4800 s时水流的入渗位置为0.363 cm;6000 s时水流的入渗位置为0.133 cm;7200 s时水流的入渗位置为0.01 cm。可以发现,随着降雨的持续,水流从土体表面向土体底部持续入渗。

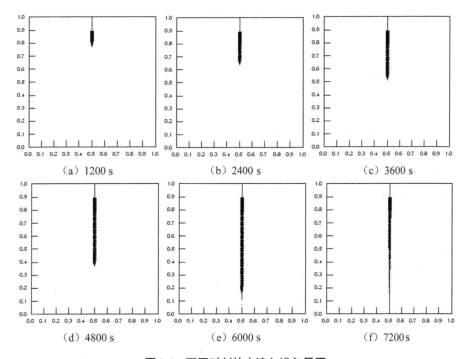

图6.4 不同时刻的水流入渗矢量图

6.2.2 考虑气体影响的降雨入渗分析

为了与不考虑孔隙气体影响的一维土柱降雨入渗过程进行比较,本节采用6.2.1节的几何模型,但由于考虑了土中孔隙气体的影响,所以需附加气相边界条件:顶部边界为透气边界,土柱底部边界和侧面边界均为不透气边界。土体透气系数与饱和度的关系采用Brooks-Corey方程描述,如图6.5所示。

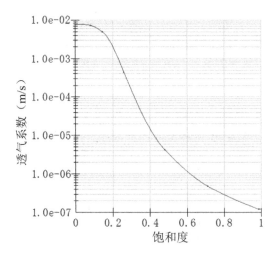

图6.5　透气系数与饱和度关系

　　基于SEEP/W程序耦合AIR/W程序对考虑孔隙气体影响的一维土柱降雨入渗进行数值模拟,得到不同时刻的水流和气流的速度矢量图。从图6.6中可以看出,随着降雨过程的进行,湿润锋下移,土体中的一部分气体从土体顶部逸出,另一部分气体被水流持续压缩。1200 s时水流的入渗位置为0.772 cm;2400 s时水流的入渗位置为0.658 cm;3600 s时水流的入渗位置为0.533 cm;4800 s时水流的入渗位置为0.409 cm;6000 s时水流的入渗位置为0.265 cm;7200 s时水流的入渗位置为0.094 cm。与不考虑孔隙气体影响的一维土柱降雨入渗比较,可以看出,考虑孔隙气体影响时,水流入渗速率明显减缓。

　　土体深部的孔隙气压力积聚是水流入渗速率降低的主要原因。降雨入渗过程中孔隙气压力随时间的变化关系如图6.7所示。由于随着土体饱和度的增加,透气系数逐渐减小,被水流压缩的气体就不容易从土体逸出。这时,气体就会在土体内积聚,土体内的孔隙气压力会逐渐增大,进而减缓了水流入渗的速率。

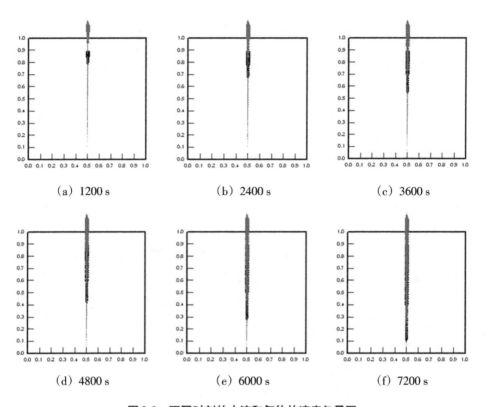

（a）1200 s　　　　　　（b）2400 s　　　　　　（c）3600 s

（d）4800 s　　　　　　（e）6000 s　　　　　　（f）7200 s

图6.6　不同时刻的水流和气体的速度矢量图

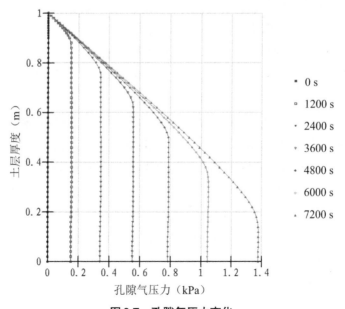

图6.7　孔隙气压力变化

6.2.3 考虑气体影响的自由入渗与积水入渗对比

不同降雨强度下降雨入渗过程是有很大区别的。Mein 和 Larson（1973）提出了描述降雨入渗过程的三个参数，即降雨强度 I，土壤饱和渗透系数 K_s 和土壤允许入渗量 f_p。认为当 $I<K_s$ 时，降雨将全部入渗，此时入渗过程为无积水入渗，即自由入渗；当 $K_s<I<f_p$ 时，雨水全部入渗，f_p 随着入渗深度的增加而减小；当 $I>f_p$ 时，降雨强度大于土壤的允许入渗量，部分降雨不会入渗，从而形成积水或地表径流，此时将发生积水入渗过程。本节基于水气二相流理论和 SEEP/W 程序耦合 AIR/W 程序，分析自由入渗与积水入渗时，土体中水气二相流过程的区别。

采用与 6.2.1 节相同的几何模型和材料参数，但作用在土体顶面的单位流量不同，即降雨强度不同。该数值模型分别假定了两种不同的降雨强度：2.3e－5 m/s 和 4.6e－5 m/s，分别小于和大于土体的饱和渗透系数（3e－5 m/s），以便更好地模拟自由入渗与积水入渗。选取自由入渗与积水入渗时，土体表面的孔隙水压力、孔隙气压力及水气流量的变化情况进行分析。图 6.8 显示了自由入渗和积水入渗时，土体表面孔隙水压力随时间的变化关系；图 6.9 显示了自由入渗和积水入渗时，土体表面孔隙气压力随时间的变化关系。

从图 6.8（a）可以看出，当降雨强度小于土体的饱和渗透系数时，随着降雨过程的持续，土体表面的孔隙水压力逐渐增大；降雨初期，土体表面的孔隙水压力增大较快，而后逐渐变缓。当降雨过程进行到 7200 s 时，土体表面的孔隙水压力仍然为负值，说明降雨全部入渗，土体表面没有积水，空气可以自由逸出土体表面，没有在土体内积聚，所以在图 6.9（a）中，土体表面的孔隙气压力保持不变，仍然等于大气压。

从图 6.8（b）、图 6.9（b）可以看出，当降雨强度大于土体的饱和渗透系数时，降雨量使土体表面很快就达到饱和状态，当降雨过程进行到 800 s 时，孔隙水压力已经接近于 0，但孔隙气压力仍然为大气压。随着土体表面逐渐饱和，空气被封闭在土体内部，孔隙气压力随之逐步增大。当降雨过程进行到 800 s 之后，土体表面的孔隙水压力大于零，说明土体表面开始积水，这时从图 6.9（b）可以看出，孔隙气压力迅速增大，然后逐渐减缓，最后保持稳定。当降雨过程进行到 6000 s 时，孔隙气压力达到 1.5 kPa，达到土体的冒泡压力，这时被封闭在土体内部的空气再次从土体表面逸出，土体内部形成连续的排气通道，孔隙气压力不再增大。

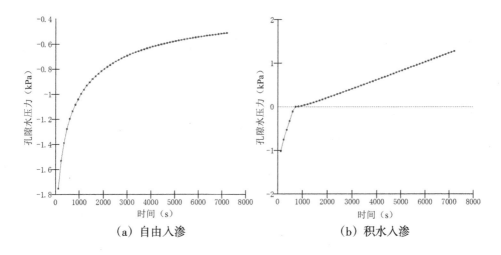

（a）自由入渗　　　　　　　　　　（b）积水入渗

图6.8　土体表面孔隙水压力随时间的变化

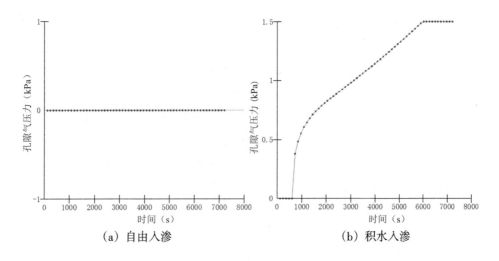

（a）自由入渗　　　　　　　　　　（b）积水入渗

图6.9　土体表面孔隙气压力随时间的变化

图6.10显示了积水入渗时,土体表面水流量和空气流量随时间的变化关系,其中负的流量值代表气体从土体内逸出。由此可以看出,当降雨过程进行到800 s后,由于降雨作用,土体表层逐渐饱和,土体表面的水流量和空气流量均快速减小。当降雨过程进行到800 s时,空气流量为0,说明由于水流的入渗,土体逐渐饱和,透气系数减小,空气被封闭在土体内,未逸出土体表面。随着降雨过程的进行,湿润锋逐渐下移,孔隙气压力逐渐积聚,6000 s时,土体表面的孔隙气压力达到土体的冒泡压力(1.5 kPa),被封闭在土体下部的空气又重新从土体表面逸出。

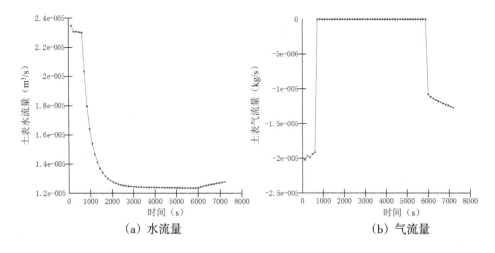

（a）水流量　　　　　　　　　　　（b）气流量

图6.10　积水入渗时土体表面水、气流量随时间的变化

上述两种不同降雨强度下的降雨入渗过程相当于降雨入渗的两个阶段:第一阶段称为供水控制阶段,主要表现为无压入渗或自由入渗;第二阶段称为入渗能力控制阶段,主要表现为积水或有压入渗。在降雨入渗初期,土体含水量较低,降雨时的供水强度小于土体的入渗速率,土体表面没有积水,当随着降雨过程的持续进行,降雨时的供水强度大于土体的入渗速率,这时就会在土体表面形成积水或地表径流。在考虑气体影响时,这两个阶段的水和气体的流动过程是有区别的,由于水流的影响,空气会被压缩入土体内,孔隙气压力会在土体内积聚,当土体表面的孔隙气压力等于土体的冒泡压力时,被压缩的空气才会重新从土体内逸出。

6.2.4　不同土体中孔隙气体的阻渗效果

由于不同种土体所具有的水力特性有较大差别,因此不同种土体内孔隙气体的阻渗效果也会有所不同。本节分别对砂土、粉土、黏土三种典型土体中孔隙气体的阻渗效果进行比较分析。模型几何尺寸和网格划分同6.2.1节,模拟中采用的砂土、粉土、黏土的相关土体参数见表6.2。

数值分析得到的三种典型土体不考虑孔隙气体影响和考虑孔隙气体影响时的累积入渗量和时间的关系如图6.11所示。可以看出,由于土体中孔隙气体的影响,三种土体的累积入渗量都有所减小,砂土的累积含水量平均降低59.04%,粉土的累积含水量平均降低63.41%,黏土的累积含水量平均降低

表6.2　土体参数(Carsel 和 Parrish,1988)

土的种类	θ_r (m³/m³)	θ_s (m³/m³)	α (1/cm)	n	K_{ad} (cm/d)	K_s (cm/d)
砂土	0.045	0.43	0.145	2.68	39916.8	712.8
粉土	0.034	0.46	0.016	1.37	336	6.00
黏土	0.068	0.38	0.008	1.09	268.8	4.80

75.31%。由此可以看出,黏土中的孔隙气体阻渗效果比较好,粉土次之,砂土较差。因此,在分析降雨入渗时,如果不考虑孔隙气体的影响会带来较大误差,尤其是对于黏土。其主要原因是黏土的孔隙较小,透气系数较小,水流入渗时气体不容易逸出土体,被空气填充的孔道变成非传导管道,使得水流的渗流路径变长,入渗变得困难,所以黏土中的孔隙气体的阻渗效果较好。

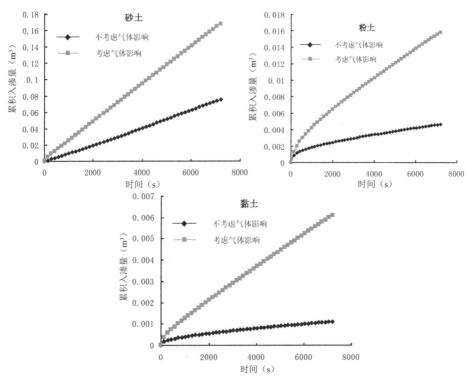

图6.11　砂土、粉土和黏土的累积入渗量和时间的关系

6.3 一维土柱中充气截排水方法的数值分析

高压充气截排水方法利用空气可以阻止水流入渗的原理,其阻渗过程是空气驱替水的水气二相流过程。本节通过有限元数值模拟,综合考虑水气二相流的影响,分析比较充气和不充气两种情况下一维土柱降雨入渗过程中孔隙水压力、孔隙气压力、体积含水量的变化过程。

采用如图6.12(a)所示模型进行数值模拟分析,模型取宽为100 cm,高为100 cm。土体顶部作用有2.3e－5 m/s的单位流量,底部作用的充气气压为5 kPa。土柱及网格划分如图6.12(b)所示,分充气和不充气两种情况进行数值模拟分析。

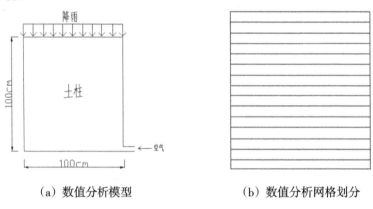

（a）数值分析模型　　　　　　　　（b）数值分析网格划分

图6.12　数值分析模型

首先进行不充气情况下的一维土柱降雨入渗分析,未充气时的边界条件:顶部边界为流量边界(降雨强度为2.3e－5 m/s)和透气边界,底部边界和侧面边界均为不透水和不透气边界。然后进行充气情况下的一维土柱降雨入渗分析,此时底部边界为气体边界,气体压力为5 kPa,其他边界条件不变。本节采用的材料参数同表6.1。初始状态的孔隙水压力－9.8 kPa,初始体积含水量为$\theta_0 =$ 0.048 m³/m³,土体的空气进气值为1.5 kPa。模拟中,充气只产生驱排孔隙水的作用,不考虑充气对土体结构的影响。

6.3.1　充气对体积含水量的影响

图6.13为降雨入渗过程中土层体积含水量的分布情况,记土体底部为$X=0$,土体表面为$X=1$。从图6.13(a)可以看出,未充气时土体表面以下土层的体积含水量变化趋势基本是一致的,随着湿润锋的下移,土层中的体积含水量先是迅速增大,而后逐渐变缓,最后趋于稳定。土体内体积含水量分布的情况大致为:由于降雨入渗,土体表面的含水量较大,但由于孔隙气体的影响,土层表面的体积含水量略小于饱和体积含水量$\theta_s=0.312$ m³/m³,湿润锋未达到的土层如$X=0.3$处,体积含水量最小,即土体的初始体积含水量$\theta_0=0.048$ m³/m³。从图6.13(b)充气时的体积含水量变化可以看出,由于充气气体的影响,水流入渗得很少,土体底层的体积含水量基本没有变化,仍然等于初始体积含水量。降雨产生的水流基本上都积聚在土层表面,所以土层表面的体积含水量呈逐渐增大趋势,当水压和气压达到动态平衡时,土体表层的体积含水量就会逐渐趋于稳定。

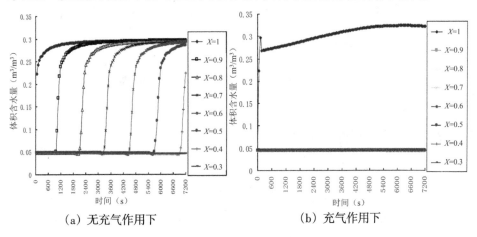

（a）无充气作用下　　　　　　（b）充气作用下

图6.13　不同土层深度处的体积含水量随时间的变化

6.3.2　充气对孔隙水压力的影响

图6.14为降雨入渗过程中土层孔隙水压力的分布情况。从图6.14(a)可以看出,未充气时不同深度土层中的孔隙水压力的变化趋势基本相同:先迅速增大,而后逐渐变缓,最后趋于稳定。土体表面的孔隙水压力首先开始增大,但由于降雨强度小于土体的渗透系数,所以水流都入渗到土体内。土体表面没有积

水,所以孔隙水压力仍然为负值。充气作用下,从图6.14(b)可以看出,土体表层的孔隙水压力先是迅速增大,随后增大速度逐渐变缓,在7200 s时,孔隙水压力为正值,这表明土体内充入高压气体后,水流入渗速度变缓,水流在土体表面逐渐积聚。此外,土体表面以下土层的孔隙水压力基本不变,大致等于初始孔隙水压力-9.8 kPa,说明由于充入土体内气体的影响,水流基本未能入渗到土层内部。

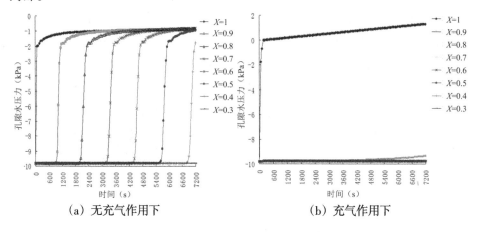

（a）无充气作用下　　　　　　　　（b）充气作用下

图6.14　不同土层深度处的孔隙水压力随时间的变化

6.3.3　充气对孔隙气压力的影响

图6.15为降雨入渗过程中土层孔隙气压力的分布情况。未充气时,随着湿润锋下移,气体会在土体内积聚,随着土层厚度的加深,孔隙气压力逐渐增大,而后趋于稳定值,仅在土体表面因设置了自由透气边界,气压仍然为0。充气时土体内的气压增长较快,加之气体的阻渗作用,土体孔隙中的孔隙水含量较少,饱和度较低,气体就会在孔隙中形成连续的气相,因此气体会很快突破土体表面,土体内就会形成连续的排气通道,土体内的孔隙气压力达到充气气压5 kPa并保持稳定。结合图6.14(b)还可以看出,在180 s时,土体表面(X=1)的孔隙水压力达到0,土体表面开始积水,由于充气阻渗的作用,水流在土体表面持续累积,充进土体的气体不能自由逸出土体表面,只有当土体表面的孔隙气压力达到冒泡压力1.5 kPa时,气体才能逸出,因此气压在土体表面维持在冒泡压力的水平。

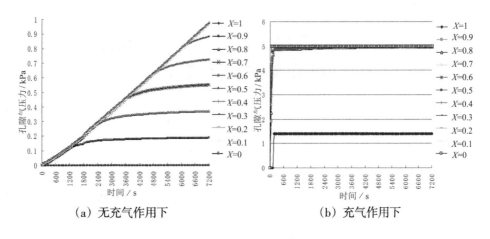

（a）无充气作用下　　　　　　　　（b）充气作用下

图6.15　不同土层深度处的孔隙气压力随时间的变化

综合以上分析可知，虽然未充气时，降雨入渗引起土体本身的气压积聚也会减缓水流入渗的速度，但充气时，由于充进土体气体的气压较大，所以气体的阻渗效果更加显著。从图6.16可以看出，在7200 s时，未充气时累积入渗量为0.072283 m³，充气时累积入渗量减小至0.00452 m³。因此，充气方法可以有效地减缓水流入渗，显著减小累积入渗量。

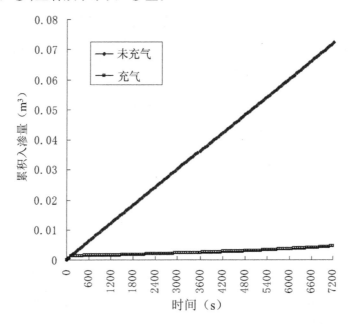

图6.16　累积入渗量随时间的变化关系

6.4 边坡充气截排水方法的气水两相流基本特征数值模拟

6.4.1 坡体充气数值计算模型

二维数值计算模型如图6.17所示,设置前缘水头为15 m,后缘水头为100 m,坡面设为透水透气界面。充气截排水技术主要适用于坡体由粉砂、黏质粉土和粉质黏土等土体组成的边坡。模型采用的材料参数见表6.3,以渗透系数较大的 $k=4.32$ m/d 的粉砂为主要研究对象,由于其能在较短时间内达到充气稳定状态,可以模拟充气截排水的全过程;另两组渗透系数较低的参数作为对照组,来印证充气过程中气水两相流所共有的变化规律。充气管垂直设置于基岩上部,出气段位于充气管底部,长度为1 m,顶部坐标为(73 m,53 m)。通常土体的透气系数是透水系数的1~100倍,模型中透气系数 k_a 设置成透水系数 k 的10倍。

表6.3 模型材料参数

透水系数 $k/(\mathrm{m \cdot d^{-1}})$	饱和含水率 θ_s	残余含水率 θ_r	透气系数 $k_a/(\mathrm{m \cdot d^{-1}})$
0.04	0.51	0.03	0.43
0.43	0.51	0.03	4.32
4.32	0.51	0.03	43.20

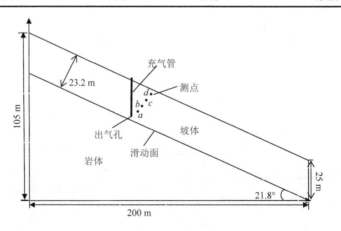

图6.17 边坡模型

6.4.2　坡体充气过程中非饱和区扩展特征

在土壤自然入渗研究中,Wang等(1998)认为,土体中气体逸出地表的突破压力H_b满足关系式:

$$H_b=h_0+z_{min}+h_{ab} \tag{6-14}$$

其中,z_{min}为最小的传导层深度;h_0为土表水头;h_{ab}为土的进气值。

在坡体地下水位以下充气排水存在启动压差(气排水启动压力与水头压力之差)。在坡体充气过程中,坡体表面并无积水,所以充气的启动压差可以表示为$h_{ab}=H_b-z_{min}$。在充气过程中,如果气压过大,会破坏土体,对坡体的稳定性造成不利影响,但同时要想获得较好的充气截排水效果,就需要提供较大的充气压力,所以在模拟过程中需要对气压进行不断试算。本模型中气排水启动压力为160 kPa。通过反复调试发现$k=4.32$ m/d的坡体充气压力控制在190～240 kPa能获得较好的截排水效果。图6.18为充气压力设置为200 kPa、充气时间为1.8 h时的坡体地下水渗流情况,充气口附近在此时已经开始形成非饱和区,但坡体地下水位尚未发生变化。

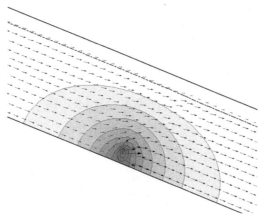

图6.18　充气1.8 h时充气孔附近气压分布

为了更直观地表现坡体中孔隙气压力的变化特征,使用颜色的深浅来表示孔隙气压的大小,孔隙气压越大的区域,颜色越深。在图6.18中可以观察到,充气点附近气压呈光滑的圆弧状,由充气点向外均匀扩散,并缓慢向坡面推进;此时坡体水流受高压气体影响微弱,充气排水基本没有效果。

在充气初期,气体在土体中渐渐集聚,当充气孔附近气压达到初始气压力后,充气排水过程开始,随着充气过程的进行,充气孔周围逐渐形成非饱和区,图6.19形象地展示了非饱和区逐渐向坡面扩展的过程,当充气时间在1.808 d时,非饱和区扩展至坡面。

在图6.19中还可以看出,随着充气时间的推移,非饱和区不断扩大,非饱和区的气压等值线越来越不规则。当充气1.808 d时,非饱和区内的气体逸出坡面,非饱和区内气压随后渐渐降低,气压降低后后缘地下水开始渗入,如图6.20所示,充气非饱和区向坡体下游发生移动。以上变化表明,在土体中充气排水是一个气水相互驱动的过程,当非饱和区贯通坡面后,会使气体大量逸出坡面,进而导致非饱和区气压迅速下降。与此同时,土体孔隙因气压力下降而被水重新占据。

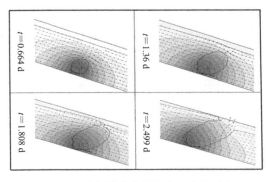

图6.19　充气截排水非饱和区变化过程　　图6.20　$t=5.997$ d非饱和区渗流变化

随着充气过程的继续,气驱水逐渐形成相对固定的路径,大部分气体会沿着相对固定的孔隙逸出土体,与此同时,土体中孔隙水的渗流路径也相对固定,非饱和区形态也相对固定。充气排水形成的非饱和区截断了上游来水,使坡体下游得不到入渗补给而呈现出水位明显降低(见图6.21)。因此,充气截排水技术可以形成预期的截水帷幕,降低潜在滑坡区的下游侧坡体地下水位。

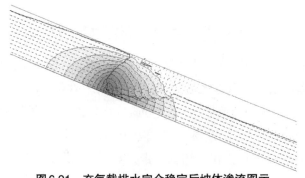

图6.21　充气截排水完全稳定后坡体渗流图示

通过对充气截排水形成的非饱和区内气水流场的变化特征,可将充气截排水过程划分为三个阶段,即充气点附近非饱和区形成与扩展阶段、充气形成的非饱和区局部越过地下水位线的不稳定两相流阶段和充气形成的非饱和区基本稳定的截排水工作阶段。这三个阶段可依次简称为:非饱和区形成与扩展阶段、不稳定两相流阶段和截排水工作阶段。

非饱和区形成与扩展阶段:充气形成的非饱和区在坡体内部的地下水位线以下,气体未逸出坡体,坡体充气截排水效果随时间逐渐增强。不稳定两相流阶段:非饱和区已经突破坡体地下水位线,气体开始从坡体逸出,非饱和区范围在不断扩大并产生一定程度的变形,下游坡体地下水位随时间逐渐降低,气-水两相流处于非稳定状态,截排水效果随时间具有波动性。截排水工作阶段:气-水两相流处于相对稳定状态,非饱和区形态和地下水位线保持基本稳定或缓慢变化。

6.4.3 非饱和区孔隙气压力的变化规律

接下来,选取图6.17中$a(76\,\mathrm{m},56\,\mathrm{m})$,$b(80\,\mathrm{m},60\,\mathrm{m})$,$c(84\,\mathrm{m},64\,\mathrm{m})$,$d(88\,\mathrm{m},68\,\mathrm{m})$四点,对这四点的孔隙气压力、地下水渗流速度、气体渗流速度以及体积含水量的数据进行分析,说明充气过程中气水流场的变化特征。模拟获得的数据主要取自$k=4.32\,\mathrm{m/d}$,$P=200\,\mathrm{kPa}$的材料模型,并以$k=0.432\,\mathrm{m/d}$,$P=220\,\mathrm{kPa}$和$k=0.0432\,\mathrm{m/d}$,$P=240\,\mathrm{kPa}$两种材料作为对照组。

图6.22是模型参数为$k=4.32\,\mathrm{m/d}$,$P=200\,\mathrm{kPa}$时4个测点的孔隙气压力随时间的变化曲线图。由图6.22可知,充气过程中孔隙气压力的大小和变化快慢与孔隙到充气孔的距离有关,离充气孔越远的点孔隙气压力越小,变化越慢,且当充气稳定后,其孔隙气压力也越小。

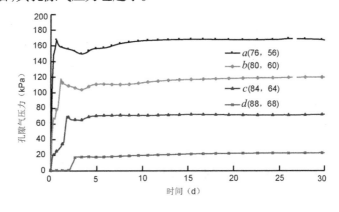

图6.22 充气条件下孔隙气压力随时间的变化

在图6.22中可以看到,在整个充气截排水过程中,四个测点的孔隙气压力变化具有一致性,均存在两次快速上升和一次快速下降。孔隙气压力的第一次快速上升是因为刚开始形成的非饱和区还很小,气体还未大量逸出土体,而持续供应的气体流量不变,所以孔隙气压力在土体内会不断积聚并扩散。$a,b,c,$ d 四点依次在 0.611,1.091,1.731,2.63 d 达到第一个峰值,四个测点在这段时间内气压的变化均处于非饱和区形成与扩展阶段。当非饱和区扩展至坡面后,非饱和区内的气体快速逸出坡面,孔隙气压力迅速下降,此时充气截排水开始进入不稳定两相流阶段。在此阶段后缘水流重新进入非饱和区,在 $t=3.35$ d 时 $a,$ b,c,d 四点的孔隙气压力降至最低,此时非饱和区含水量就会增加,部分气体流动通道将会被水流占据,导致气体逸出量下降,孔隙气压力又会逐渐上升,排水作用逐渐加强。随后孔隙气压又会下降,相应的非饱和区孔隙含水量又会增加,气压随时间类似做周期性变化,但变化幅度逐渐减小的过程是不稳定两相流阶段的基本特征。随着气压波动的逐渐减小至趋于稳定,充气过程进入充气截排水工作阶段。

图6.23中反映了对照组 $k=0.432$ m/d,$P=220$ kPa 和 $k=0.0432$ m/d,$P=240$ kPa 条件下的孔隙气压力随时间的变化。对比表明,对照组也满足同样规律。但由于对照组渗透系数较小,相同气压条件下气驱水的速度较慢,充气截排水非饱和区各物理量达到稳定所需的时间较长。

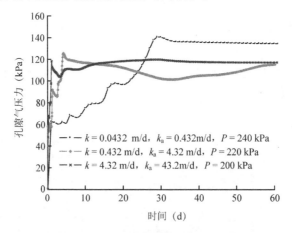

图6.23　点 b 孔隙气压力随时间的变化

图6.22和图6.23所揭示的气压随时间变化特征,与 Grismer 等(1994)和 Wang 等(1998)各自通过一维圆桶土柱自然入渗试验测定的气压变化特征相类

似。虽然充气截排水为持续充入高压气体排出土体孔隙中的水,与自然入渗试验条件不同,但气水之间的运动机理相同。Grismer等(1994)和Wang等(1998)的一维圆桶试验中均包括上部表层积水为0、下部不透气的模型条件,气体要逸出地表均需要通过增大自身压力突破上层饱和带才行,与充气截排水数值模拟中气水相互驱动的机理一致。

土体中空气随着水体入渗湿润锋的推进不断被压缩,当空气压力达到气体突破压力后,空气便逸出地表,同时气压迅速减小,当减小至气体闭合压力时,空气第一次突破形成的通道又重新被水占据。随着湿润锋的继续推进,气体又开始压缩,等待到达突破压力后又会逸出地表。在整个入渗过程中,气压是不断上下波动的,直至最后气压为一相对稳定值。

6.4.4 非饱和区孔隙水流速的变化规律

图6.24描述了非饱和区内孔隙水流速随时间的变化特征。a,b,c三点的渗流速度在充气8 d后趋于稳定。在充气截排水进入工作阶段之前,孔隙水流速的变化与孔隙气压力相类似,也有两次较大的波动。在充气初期,孔隙水流速度先迅速增大,a,b,c三点的水流速度依次在0.14,0.771,1.411 d达到第一个峰值,随后快速下降,又在0.611,1.091,1.731 d达到最低值,最后较快上升至渐近稳定状态。

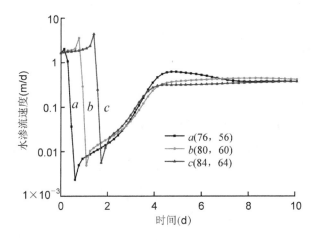

图6.24 非饱和区孔隙水流速与时间的关系

图6.25反映了对照组$k=0.432$ m/d,$P=220$ kPa和$k=0.0432$ m/d,$P=240$ kPa也满足同样规律。但透水系数越小,水流速度变化越慢,充气排水到达截排水工作阶段所需的时间越长。当充气到截排水工作阶段后,3种材料的孔隙水流速度基本不变。

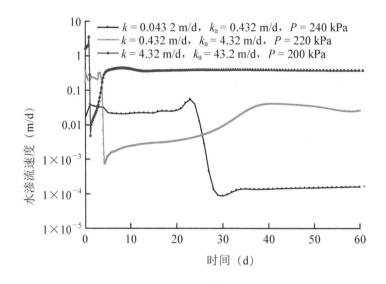

图6.25 点 b 孔隙水流速随时间的变化

在数据整理时发现,相同测点的孔隙气压力和水流速度随时间的变化具有很好的相关性,可以很好地解释流速随时间的多次波动。Wang等(1998)通过试验也发现这一现象,并在底部不透气、顶部无积水的一维圆桶试验中测定了气体的流出速度、水的入渗速度和湿润锋处的气压。数据表明水流速度和锋前气压力的变化特征和图6.26具有相似性。

一般土体都有一定的封气性,随着气体在土体内逐渐集聚,最初气压会快速升高,当孔隙气压力达到初始气压力时,孔隙内的水流开始被驱动,由于气驱水比水流自然入渗的速度快很多,所以在图6.26中会看到一开始的水流速度急剧上升,在0.14 d时达到第一个峰值。由于单个孔隙内的水量很少,所以孔隙中的水很快排走,孔隙由饱和状态变为非饱和状态,孔隙中存在大量气体,孔隙中的含水量随之迅速降低。既然可供流动的水很少或几乎没有,故监测到的孔隙水渗流速度会迅速减小并趋近于0。在图6.26中可以看到,当 $t=0.611$ d 时减小至最小值,与此同时孔隙中的气压力达到第一个峰值。在充气非饱和区扩展至坡面后,非饱和区内气体迅速逸出,在充气至3.35 d时坡体内气压降低至最低值。由于气水之间是相互驱动的,在此过程中,气压的降低将会导致排水能力减弱,坡体后缘饱和区内的水流会在水压力和自身重力作用下驱走部分空气并重新占据孔隙,这时随着水流的重新回归,水流速度又重新增大,充气至4.532 d时达到第二个峰值。随后,高压气体在坡体内会重新缓慢积聚,但较第一次明显减弱,因为非饱和区已经贯通坡面,气体已形成了部分固定的排泄通道。随着气体的缓慢积聚,水流速度又会逐渐减小。水流速度和孔隙气压随时间呈趋势相反的周期性波动,最终均趋向于相对稳定状态。

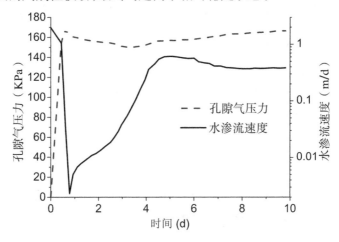

图6.26　点 *b* 水流速度和孔隙气压随时间的变化

6.4.5　非饱和区孔隙气体流速的变化规律

孔隙气流速度与孔隙水渗流速度也存在很好的相关性。在图6.27中,充气初期,随着气体的迅速积聚,排水速度不断加快,气体运动的速度也越来越快。当非饱和区扩展至坡面时,气体大量向坡外逸出,这时气体的流度达到峰值。由于气体的快速逸出,非饱和区内的气压会迅速下降,非饱和区内部分孔隙重新被上游来水补给,形成暂态饱和区,由于气体流动通道受阻,所以气体流速减慢。当气压积聚至一定值时,气体重新突破受阻通道,气体流速会缓慢上升至相对稳定值。由图6.27还可以看出,水流速度和孔隙气流速度随时间的变化呈负相关关系,气流速度减小,水流速度就增大,反之亦然;且两者随时间的变化幅度、峰值和谷值均具有一致性,基本没有滞后效应,形象地反映了气水之间的相互驱动和阻滞作用。

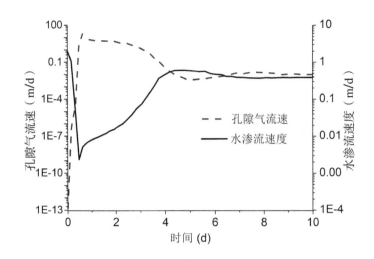

图6.27　点 *b* 气水流速随时间的变化

如图6.28所示,在 $k=0.432$ m/d, $P=220$ kPa 和 $k=0.0432$ m/d, $P=240$ kPa 条件下满足同样的规律。只是透水系数越小,充气截排水的过程变化越慢,气流速度变化的周期也越长。

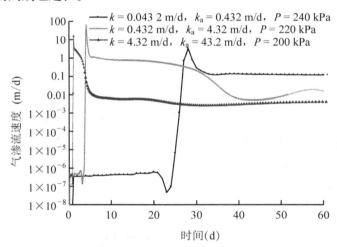

图6.28　点 *b* 孔隙气流速随时间的变化

6.4.6　非饱和区体积含水量的变化规律

通过对充气过程中非饱和区气水流速和充气压力的分析可知,非饱和区的体积含水量并非恒定。在充气截排水不稳定两相流阶段,体积含水量与气水流速、孔隙气压力在同步发生变化。

孔隙水渗流速度和体积含水量的变化如图6.29所示,充气非饱和区的体积含水量也是经历快速上升到快速下降,再缓慢提升,最后趋于稳定的过程。体积含水量同孔隙水渗流速度具有相同变化趋势。孔隙含水量较大时,可供流动的水较多,水流在高压气体的驱动下流速变大,在孔隙含水量减小时,可供流动的水少,水流速度变小。这一变化也印证了气水之间是一个相互驱动的动态过程,该过程在不稳定两相流阶段表现最为明显,气水之间的相互驱动反映在气水渗流速度、体积含水量和孔隙气压力的波动以及各物理量之间的相关性特征上,各物理量随充气时间的波动是气水流场在寻求平衡的过程,当气水流体均形成了固定的流动通道时,它们之间就处于相对平衡状态。

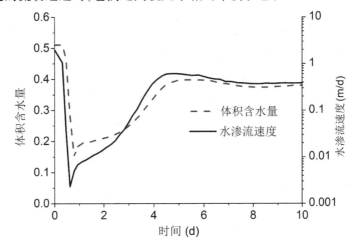

图6.29 点b气体流速与体积含水量随时间的变化

6.5 充气非饱和阻水区的形成机理分析

充气非饱和阻水区的形成过程属于气水两相流问题,前文通过物理模型试验已经做了初步分析。由于多孔介质结构复杂,岩土体内难以直接观察流体的运动情况,而且气、水两相间存在随时间不断发展变化的分界面,多孔介质中两相及多相渗流是一个非常复杂的过程。涉及这个问题的领域,包括地下水曝气法、核废料深地处置库、压气隧道施工和含水层地下储气库的建造等。在这些领域的研究中,数值模拟一直是重要的分析方法。考虑到物理模型试验研究充气形成非饱和区的过程中存在一定的局限性和随机性,下面通过应用已经十分成熟的岩土工程软件Geo-Studio建立数值分析模型,对充气形成非饱和区的过程做进一步的探索。

6.5.1　数值分析模型

边坡数值分析的模型尺寸、数值模型网格划分和主要的边界条件如图6.30所示,采用的参数见表6.4。数值分析中建立的模型的尺寸、边界条件和参数选取均尽量和第5章中物理试验模型保持一致,数值分析模型中参数的选取经过反演分析多次调试,使自然渗流条件下和充气过程中数值模拟得到的地下水位及渗流量变化与物理模型试验得到的结果均达到基本一致。其中,反演得到的土体完全饱和时的水相渗透系数$k_{sat}=1.04×10^{-5}$ m/s,约为试验实测值的两倍,考虑试验和数值模拟的差异,可以认为两者是相当接近的。反演得到土体完全干燥时的气相渗透系数$k_{a-dry}=2.08×10^{-4}$ m/s,气相渗透系数一般比水相渗透系数大1~2个数量级,反演得到的气相渗透系数和水相渗透系数间的关系符合已有研究的结论。模型中,土水特征曲线和水相渗透系数函数采用Van Genuchten模型定义,气相渗透系数函数采用Brooks和Corey模型定义。充气持续时间均设置为3 d,充气压力范围为6~45 kPa,以1 kPa为梯度,共进行了40次充气试验的模拟。

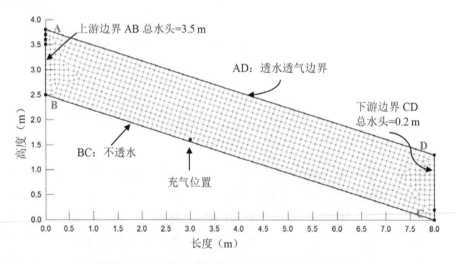

图6.30　数值分析模型的尺寸、网格划分及边界条件

表6.4　数值分析模型的计算参数

水相渗透系数 $k_{sat}(m/s)$	气相渗透系数 $k_{a-dry}(m/s)$	饱和体积含水量 $\theta_s(m^3/m^3)$	残余体积含水量 $\theta_r(m^3/m^3)$
1.04×10^{-5}	2.08×10^{-4}	0.43	0.05

6.5.2　非饱和阻水区形成机理分析

数值分析结果表明,充气形成非饱和区的过程随充气压力的变化表现出明显的阶段性,这与物理模型试验得到的结论是一致的。由于监测条件的限制,物理模型试验中难以直接观察流体的运动情况,而数值模拟可以弥补这一点。下面以数值分析得到的结果,从充气过程中水气两相的流速流向变化,以及非饱和区的截水作用的逐步实现,对非饱和阻水区的形成进行分析。

图6.31～图6.33给出了几个有代表性的充气压力下非饱和区的渗流图,图中沿坡体纵向的深色箭头和充气位置上方的浅色箭头分别代表孔隙水和孔隙气的流动,箭头长度代表流速的大小,箭头方向代表流动方向,图6.31(b)中阴影的扩展表示非饱和区的扩展,颜色的深浅反映水相饱和度的大小,水相饱和度越低,该部位的颜色越深。

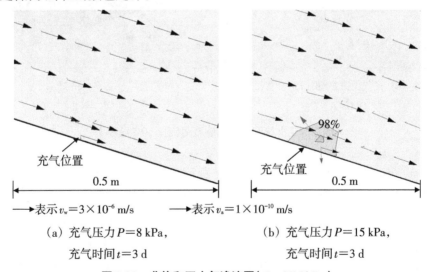

（a）充气压力 $P=8$ kPa，
充气时间 $t=3$ d

（b）充气压力 $P=15$ kPa，
充气时间 $t=3$ d

图6.31　非饱和区水气渗流图（$P=8/15$ kPa）

在 8 kPa 充气压力下,如图 6.31(a)所示,气流速度极小,与水流速度相差约 4 个数量级,气体未对水流产生任何影响,充气过程处于第一阶段,坡体内尚未形成非饱和区。在 15 kPa 充气压力下,如图 6.31(b)所示,孔隙气流流速有所增加,但仍然很小,充气仅对很小范围内的地下水渗流有微弱影响。非饱和区开始在充气点周围形成,但水相饱和度仍然在98%左右。此时,充气形成非饱和区的过程处在第二阶段,此时非饱和区开始出现,但由于饱和度较高,仍无截水效果。

充气压力为 30 kPa 时,如图 6.32(a)所示,坡体内已经形成一定范围的非饱和区,非饱和区核心区域的饱和度已经降低至70%以下,相比非饱和区外部,非饱和区内的水流速度大大降低,说明非饱和的渗透系数有了大幅下降。低渗透性非饱和区的存在也使得充气点上游的地下水渗流的方向发生明显的偏转,此时,充气过程已经处在非饱和区开始发挥阻渗截水效果的第三阶段。

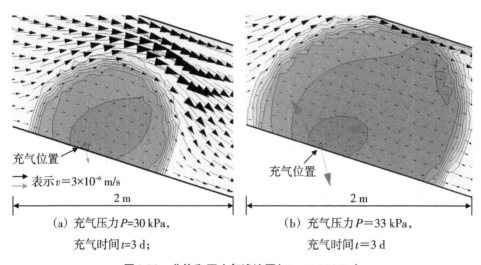

（a）充气压力 P=30 kPa,
　　充气时间 t=3 d;

（b）充气压力 P=33 kPa,
　　充气时间 t=3 d

图6.32　非饱和区水气渗流图（ P=30/33 kPa ）

充气压力为 33 kPa 时,如图 6.32(b)所示,非饱和区内的水相饱和度、孔隙水渗流速度进一步降低,非饱和区持续向坡体表面推进扩展。在非饱和区接近坡体表面的局部区域,已经可以看到代表气体流动的箭头指向坡体外部。这表明气驱水流动发生了气体突破现象,充气过程已经进入第四阶段。在这个阶段,非饱和区的水气两相渗流由以水流为主逐渐过渡为以气流为主,非饱和区已经扩展在坡体的整个渗流截面上。值得注意的是,非饱和区形状在二维平面上大致呈椭圆形,非饱和区的扩展并不沿充气点对称分布,而是偏向坡脚方向。非饱和区的不对称扩展是因为受到地下水渗流的影响,这与 Reddy(2000)

的研究是一致的。Reddy 和 Adams 基于室内模型槽试验得出,当地下水水力梯度大于0.011时,应当考虑地下水流动对空气流动形态的影响。本书的模拟中,当地下水水力梯度约为0.4时,从模拟结果可见,非饱和区中的空气沿地下水流动方向发生显著偏移,充气点下游的非饱和区面积远大于上游。

充气压力为40 kPa时,如图6.33所示,坡体内已经形成很大范围的非饱和区。非饱和区内基本上已经看不到表示孔隙水流动的箭头,而且由于非饱和区的截水作用,上游坡体内的地下水难以渗流到下游,下游的水位很低,所以图6.33中非饱和区下游孔隙水流速也很小。在坡体表面,可以看到气流向坡体外部流动的箭头,这表明气体不断从坡体表面逸出。在40 kPa压力下,虽然充气形成的非饱和区面积大,水相饱和度低,截水效果相对较好,但是充入坡体的压缩空气未能完全封存在非饱和区内部,空气损失比较严重。

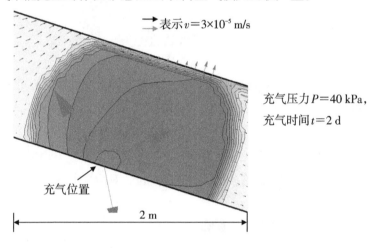

　　表示 $v = 3 \times 10^{-5}$ m/s

充气压力 $P = 40$ kPa,
充气时间 $t = 2$ d

充气位置

2 m

图6.33　非饱和区水气渗流图($P = 40$ kPa)

数值模拟结果表明:充气压力很低时,孔隙气流速很小,对地下水渗流影响微弱,坡体内不能形成有截水效果的非饱和区;随着充气压力的增加,非饱和区的水气两相渗流由以水流为主逐渐过渡为以气流为主,非饱和区的阻水效果不断增强,非饱和区面积不断扩展,形状在二维平面上大致呈椭圆形,扩展方向因受到地下水渗流的影响而偏向坡脚方向。数值分析的结果很好地验证了前文对于充气形成非饱和阻水区过程的分析。基于物理模型试验和数值分析得到了对非饱和阻水区形成的阶段性和水气两相渗流特征的认识,可以指导工程实践中充气方案的优化,例如合理的充气压力的范围和充气压力的增加方式等。

第7章 充气截排水影响因素数值模拟

通过非饱和土渗流理论及充气试验分析可知,气排水渗流方向上影响区域越大、饱和度越低,截排水效果就越好。影响截排水效果的主要因素有充气位置、坡体渗透性、孔隙率、充气气压及充气点上方非饱和土层厚度等,针对这几个影响因素,应用基于有限元的气液两相二维模型进行数值分析。

7.1 充气位置

充气截排水技术作为一项滑坡治理的抢险技术,目前处于基础研究阶段,有必要对比较简单的情况进行研究,以期获得一些规律性认识。本次模拟采用均一的砂土边坡来研究充气点位置对坡体地下水位的影响。为了合理确定计算参数,首先以4.1节中物理模型试验为原型建立相同尺寸的数值计算模型,利用参数反演确定砂土的基本参数,然后建立数值模型研究充气点位置对截排水效果的影响。

7.1.1 模型计算参数的反演确定

针对非饱和渗流分析中土-水特征曲线及渗透性函数等一些参数难以获取的问题,根据4.1节中物理模型试验得到的充气过程中的坡体地下水位的变化情况,采用Geo-Studio软件进行数值模拟,以模拟计算的自然渗流量和水位线与监测的数据相吻合为原则,对边坡模型的土性参数(渗透系数、渗气系数和孔隙率等)进行反演,并通过充气作用下渗透量监测数据对数值模型的可靠性进行验证。

根据砂土的物理性质及渗透特性,赋予土样合理的土性参数并进行调节,经反复数值模拟分析知,当渗透系数取$k=2\times10^{-4}$ m/s,孔隙率取0.5时,计算获得模型的自然入渗量约为11953 mL/h,模型实测的自然入渗量为10100 mL/h。将自然入渗情况下坡体各位置水位与试验测得的相应位置水位进行对比,

136

如图7.1所示,两者拟合较好。因此,取渗透系数$2×10^{-4}$ m/s、孔隙率为0.5进行充气情况下渗流模拟。

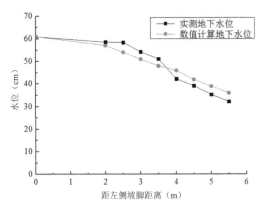

图7.1　自然入渗模型试验实测地下水位与数值计算结果对比

当土样的渗透系数和孔隙率选定之后,进行充气作用下数值模拟分析,通常,渗气系数要比渗水系数大1~2个数量级。为了与物理模型试验进行比较,给定与模型试验相同的充气压力8 kPa。渗气系数的反演分析同样依据物理模型试验得到的结果,通过反复调试,当模型取渗气系数$k_a=16\,k_w$时,得到充气作用下渗流量的试验数据。将该数据与数值模拟数据对比,如图7.2所示。图中两组数据显示渗流量变化规律一致,即随着时间的增长,渗流量都逐渐降低,直至趋于稳定。经计算,各时间点的模拟渗流量与监测渗流量之间的标准误差估计值为1568 mL,相关系数为0.906。由于受实验条件的限制,所以物理实验所测量的数据必然存在一定的误差,再者就是数值模拟分析中模型不能完全模拟实际土体,故也存在一定的误差,所以笔者认为,两组数值之间的误差在合理范围之内且相关度较好。因此,将渗气系数$3.2×10^{-3}$ m/s作为数值计算模型的另一个基本参数。

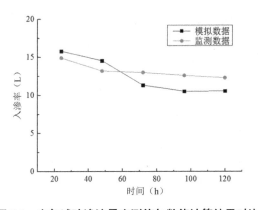

图7.2　充气试验渗流量实测值与数值计算结果对比

充气点位置对截排水效果影响的数值计算模型如图7.3所示,取模型剖面长度为200 m,左侧边界水位为120 m,右侧边坡水位为65 m。从坡体后缘沿着渗流方向和竖直方向各取3个不同充气位置进行数值模拟分析,沿渗流方向各点的具体位置依次选取$a(25,85)$、$b(45,81)$、$c(65,77)$三点,沿竖直方向各点的具体位置取$d(45,96)$、$b(45,81)$、$e(45,66)$三点;以上各充气点坐标单位为米(m)。

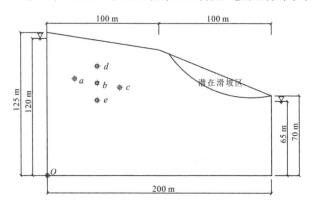

图7.3　计算模型

7.1.2　充气点沿渗流方向上的相对位置

设置在沿地下水渗流方向上的三个充气点$a(25,85)$,$b(45,81)$,$c(65,77)$,与自然渗流水位线的距离均为30 m,每个点均进行3个充气压力(320 kPa,360 kPa和400 kPa)下的充气模拟。充气5天后,潜在滑坡区的地下水位线下降情况如图7.4(a)～(c)所示。可以看出,a,b,c三点在充气作用下,坡体的水位线均出现比较明显的下降,且相对于初始渗流水位线,c点充气后水位线下降幅度最大,b点次之,a点降幅最小。

为了更直观地对比a,b,c三点充气作用下效果,以充气气压400 kPa为例,取a,b,c三点在充气压力为400 kPa时的潜在滑坡区地下水位线对比如图7.4(d)所示。在同样的充气压力作用下,随着充气点越靠近潜在滑坡区,地下水位线降幅越明显。这是由于充气的作用,会在充气点周围形成一个上凹形的非饱和截水帷幕带,使得充气点以及充气点后方的水位线出现明显下降,靠近充气点位置处的水位线下降最多。

另外,从稳定性角度给出a,b,c点充气后的边坡稳定性对比,充气前的边坡稳定性系数为1.020,仅考虑地下水位变化的条件下,充气后使边坡的稳定性系

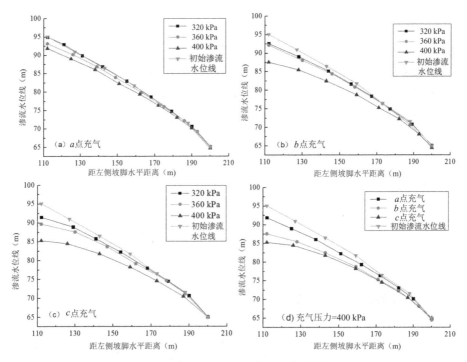

图7.4 不同充气位置及充气压力下充气点下游地下水位对比

数得到了提高,对比结果见表7.1。可以看出,与潜在滑坡区的地下水位线下降的情形一致,各点充气后,稳定性系数均有所提高。同一个充气压力下,坡体的稳定性系数c点充气高于b点充气,b点充气高于a点充气。

表7.1 a点、b点和c点充气后边坡稳定性对比

充气压力(kPa)	稳定系数		
	a点充气	b点充气	c点充气
320	1.048	1.09	1.105
360	1.071	1.113	1.152
400	1.117	1.137	1.248

由图7.4及表7.1可以得出,充气截排水方法可以在充气点周围形成的非饱和截水帷幕,降低坡体局部的渗透性,从而减少坡体下游潜在滑坡区的渗流量。而且,随着充气点越靠近潜在滑坡区,在同样的充气压力作用下,潜在滑坡区的地下水位线降幅越来越明显,坡体稳定系数提高越多。因此,沿着渗流方向上,充气点应当放置在距离潜在滑坡区较近的位置,此时在同样的充气压力作用下,潜在滑坡区的地下水位线下降更加明显。

7.1.3 充气点深度

沿深度方向选取 $d(45,96)$，$b(45,81)$，$e(45,66)$ 三点，以分析不同充气深度对边坡地下水位的影响。各点距离地下水位线依次为 15 m，30 m，45 m，依次选择各点的起始气压，并增加充气压力。由于充气点 d 点很浅，其上覆土层压力较小，因此只能使用较小的充气压力，以防止坡体被抬起。各点的充气压力见表7.2。

表7.2 沿深度方向上各点的充气压力

充气点	充气压力(kPa)		
d	180	220	260
b	320	360	400
e	480	520	560

在上述各点充气压力的作用下，充气五天后潜在滑坡区的地下水位线如图7.5(a)～(c)所示。可以看出，无论是 d 点、b 点还是 e 点，随着充气压力的增大，潜在滑坡区的地下水位线下降程度都越来越明显。为了更直观地对比结果，将 d 点在 260 kPa、b 点在 400 kPa 以及 e 点在 560 kPa 充气压力作用下的地下水位线绘出，如图7.5(d)所示。由图7.5(d)可以看出，充气点 d 点后方潜在滑坡区的地下水位线下降得较少，充气点 e 点后方潜在滑坡区的地下水位线则下降最多。这是由于充气点 d 点深度很浅，上覆压力小，只能使用很小的充气压力，压力太大会将坡体抬起。相比而言，充气点 e 点深度很深，上覆压力大，故能使用更高的充气压力，也能够得到更低的水位线。

这里同样给出 d，b，e 三点充气 5 d 后坡体的稳定系数，作为对比，充气前的稳定系数为1.020，详见表7.3。

表7.3 不同充气位置及充气压力下各点稳定系数对比

d点充气		b点充气		e点充气	
充气压力(kPa)	稳定系数	充气压力(kPa)	稳定系数	充气压力(kPa)	稳定系数
180	1.053	320	1.090	480	1.253
220	1.063	360	1.113	520	1.276
260	1.086	400	1.137	560	1.325

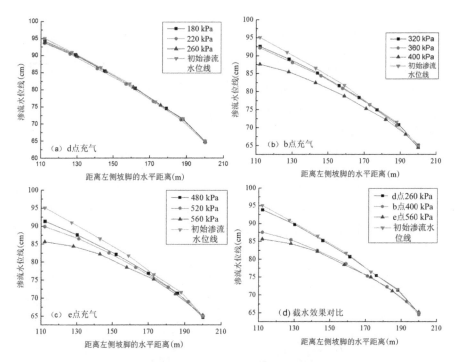

图7.5　不同充气深度及充气压力下充气点下游地下水位对比

从图7.5及表7.3可以看出,各点充气压力越大,潜在滑坡区的地下水位线下降的也越多;当选择的充气点位置较浅时,所能采取的充气压力较小,潜在滑坡区的地下水位线下降得较少。当充气点的位置较深时,所能采取的充气压力更高,此时潜在滑坡区的地下水位线出现更明显的下降,坡体稳定性系数也更大。

7.2　坡体渗透性

数值分析模型如图7.6所示。模型中坡体左侧地下水位线设为60 m,右侧水位线15 m,利用位于边坡后缘的充气管进行充气,其中管端充气的长度为1 m,充气管的上坐标点为(23, 32),坐标单位为m。

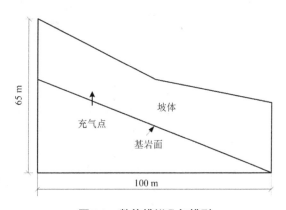

图7.6　数值模拟几何模型

7.2.1 渗透系数对截排水效果的影响

为了详细研究渗透性系数对截排水效果产生的影响,先根据最小启动压力以及充气压力上限选择充气压力的大致范围,然后缓慢调节充气点的充气压力,发现当充气气压达到210 kPa时截排水开始产生效果。不失一般性,这里取定孔隙率为0.45,充气压力为260 kPa。应当指出的是充气压力的选择要适当,过小的充气压力不会产生截排水效果,过大的充气压力则可能使上覆土体被抬起。取土体的渗透性系数依次为0.1 m/d,0.25 m/d,0.5 m/d,0.75 m/d,1 m/d,将充气时间依次为50 d,110 d,170 d以及截排水效果达到稳定后的充气点后方地下水位线进行对比,如图7.7所示。

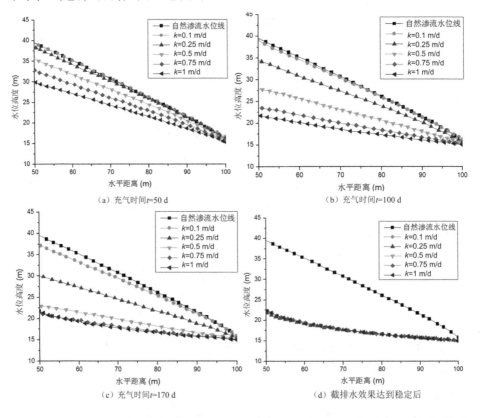

图7.7　不同渗透性下充气点下游地下水位线对比

从图7.7可以看出:①一定充气时间范围内,随着充气时间增加,不同渗透系数产生的截排水效果均呈现越来越好的趋势;②渗透系数越大越能在短时间内产生明显效果,而渗透系数小的则需要更长的时间才能产生同样的截排水效果;③随着充气时间进一步的增加,不同渗透系数对应的截排水效果均趋向一个共同截排水效果上限,也就是不同渗透系数有一个共同的截排水效果上限,此时再增加充气时间,截排水效果也不会提高。

7.2.2　渗透系数对截排水效果上限用时的影响

通过赋予土层不同渗透性来研究渗透性对截排水效果的影响。缓慢调节气压,充气气压同前文所述取为 260 kPa,孔隙率也同样取定为 0.45,取土体的渗透性依次为 0.1 m/d,0.25 m/d,0.5 m/d,0.75 m/d,1 m/d,记录不同渗透系数大小达到稳定截排水上限所需要的时间并进行函数拟合,如图7.8所示。

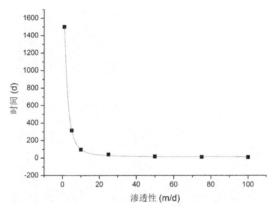

图7.8　不同渗透性下截排水达到稳定效果所需时间

由图7.8得知:不同渗透系数达到截排水效果上限所需要的时间符合函数关系式:$y=a-b\times c^{x}$,其中 a,b 和 c 为拟合参数,$R^{2}=0.99733$。随着渗透系数由小变大,充气截排水达到稳定所需时间会先急速减少而后趋于稳定。这表明,当充气气压一定时,截排水在渗透性较大的土质中能更快达到稳定状态,而在渗透性较小的土质中则需要更长的时间才能达到稳定状态。

7.3　土体孔隙率

孔隙率对截排水效果影响的数值分析仍采用图7.6所示的计算模型,模型的边界条件、充气点位置以及模型所赋予的材料均同前保持一致,充气气压设置为 260 kPa,渗透系数取为 0.5 m/d。

7.3.1 孔隙率对截排水效果的影响

改变土质的孔隙率依次为：0.2，0.3，0.4及0.5，依次将充气时长为50 d，110 d，170 d以及截排水效果达到稳定后的充气点后方地下水位线进行对比（见图7.9）。

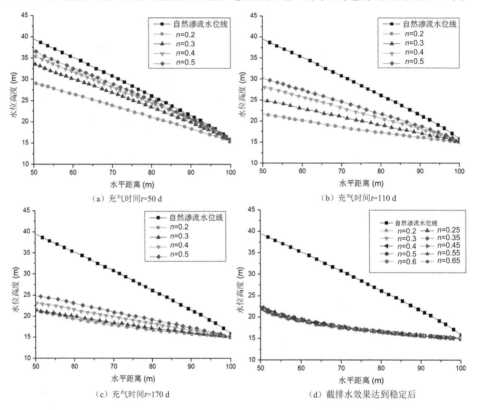

图7.9 不同土体孔隙率下充气点下游地下水位线对比

由图7.9可以得到：①随着充气时间增长，不同孔隙率下均呈现出越来越好的截排水效果；②与渗透性类似，不同孔隙率存在一个相同的截排水效果上限，即在不同孔隙率的情况下，只要充气时间足够长，其最终的截排水效果是相同的，此后无论充气时长再怎么增加，截排水效果也不会再继续改善；③相同的充气时长下，孔隙率越小截排水效果越好，孔隙率较大的需要更长的充气时间才能达到相同的截排水效果。

7.3.2　孔隙率对截排水效果上限用时的影响

由前面分析可知,当充气压力及渗透性一定时,不同孔隙率情况存在一个相同的截排水效果上限,此后再提高充气时长是没有意义的。掌握在不同孔隙率情况下达到截排水效果上限所需要的时间,不仅可以对截排水效果进行简单判断,还可以对充气点位置的选择起到一定的辅助作用。与渗透性研究类似,依次取孔隙率为:0.2,0.25,0.3,0.35,0.4,0.45,0.5,0.55,0.6,0.65,记录不同孔隙率达到截排水效果上限所需要的时间并进行函数拟合(见图7.10)。

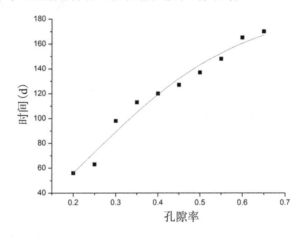

图7.10　不同孔隙率达到截排水效果上限所需时间

由图7.10可以看出,随着孔隙率逐渐增大,达到截排水效果上限所需的时间也在稳步增加。这说明在同等充气压力下,孔隙率越大,形成稳定的截排水效果所需时间也相对较长。通过拟合各点,总体规律符合冈珀茨模型:$y = a \times e^{-e^{(-k \times (x - x_c))}}$,其中 a,x_c,k 为拟合参数,$R^2 = 0.96667$。随着孔隙率由小变大,达到稳定截排水上限所需时间先较快增长而后趋于平缓。

7.4　充气压力

7.4.1　充气压力对截排水效果的影响

充气压力对截排水效果影响的数值分析同样采用如图 7.6 所示的计算模型,取渗透系数为 0.5 m/d,孔隙率为 0.45,充气气压为 230 kPa,240 kPa,250 kPa 和 260 kPa 时,不同充气时间作用下充气点后方的地下水位如图 7.11 所示。

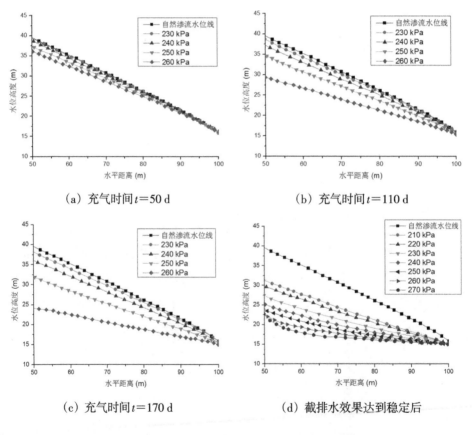

（a）充气时间 $t=50$ d

（b）充气时间 $t=110$ d

（c）充气时间 $t=170$ d

（d）截排水效果达到稳定后

图 7.11　不同充气压力下充气点下游地下水位线对比

由图 7.11 可以得到:①不同充气压力作用下,截排水效果均有明显提升。

②随着充气时间增长,不同充气压力作用下的截排水效果均呈现出越来越好的结果。③不同充气压力均有一个最终的截排水效果上限,与渗透系数和孔隙率不同的是,充气压力越大,这种上限越大,而不再是一个统一的上限。达到截排水上限后,无论充气时长再怎么增加,截排水效果也不会再提高。④相同的充气时间作用下,充气压力越大,则截排水效果越好。

7.4.2　充气压力与相应的截排水上限用时的关系

参数同前面一样设定,取充气压力依次为210 kPa,220 kPa,230 kPa,240 kPa,250 kPa,260 kPa,270 kPa,记录达到各自截排水效果上限所需要的时间并进行函数拟合,如图7.12所示。

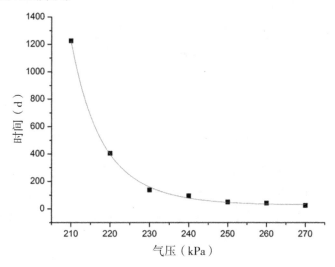

图7.12　形成稳定截排水效果所需时间随气压的变化关系

由图7.12可知:不同充气压力作用下,达到各自截排水上限所需的时间,符合公式 $y=e^{a+bx+cx^2}$,其中 a , b , c 为拟合参数, $R^2=0.99878$ 。随着气压从启动气压慢慢增加,形成稳定截排水所需时间先急速下降而后趋于平缓。因此,实际工程中,可以通过增加充气气压来缩短达到稳定截排水所需的时间,实现快速截排边坡后缘来水的目的。

7.4.3 渗透性、孔隙率及充气压力对截排水效果影响的对比

前文已得渗透性、孔隙率及充气压力对应的截排水效果上限并说明不同渗透系数对应的截排水效果上限是相同的,不同孔隙率对应的截排水上限也是相同的,而不同充气压力对应的截排水效果上限是不相同的,为了便于比较,先将渗透性和孔隙率对应的截排水效果上限进行对比,如图7.13所示。

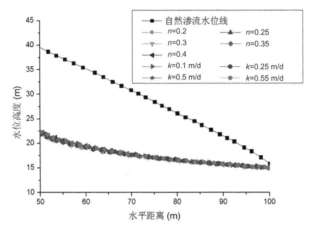

图7.13 孔隙率和渗透性对应的截排水效果上限对比

由图7.13可以明显看出,尽管孔隙率和渗透性表示了土体特性的两个方面,但两者对应的截排水效果上限是完全一样的,两者对截排水效果的贡献度也是相同的。接着将不同充气压力对应的截排水效果上限与孔隙率(渗透性)对应的截排水效果上限进行对比,如图7.14所示。

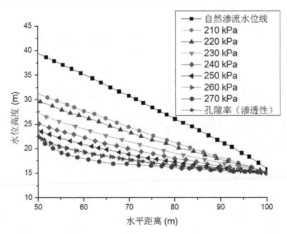

图7.14 不同充气压力和渗透性(孔隙率)截排水上限对比

由图7.14可知,渗透性或者孔隙率对应的截排水效果上限处在不同充气压力对应的截排水上限之中,在本节数值模拟中相当于充气压力为260 kPa对应的截排水效果上限。可通过提高充气压力来达到更高的截排水效果上限。

综上,孔隙率或者渗透性对截排水效果的影响是等价的,对应的截排水效果上限是相同的,而充气压力的变化会影响充气因素对截排水效果所占的比例大小。当充气压力较小时,对应的截排水效果上限会小于渗透性或者孔隙率对应的截排水效果上限,此时充气对截排水效果所占因子较小;而当充气压力达到一定数值,此时截排水效果上限等同于渗透性或者孔隙率对应的截排水上限,此时充气因素对截排水效果所占因子与渗透性或者孔隙率等同。当充气压力超过该数值时,截排水上限会超过渗透性或者孔隙率对应的截排水效果上限,此时充气因素对截排水效果所占因子最大。

7.5　充气非饱和区宽度

充气形成的非饱和区是三维的,将非饱和区垂直渗流方向上的长度记为非饱和区的长度,非饱和区沿渗流方向上的长度记为非饱和区的宽度。在第5章中,通过物理模型试验初步分析了非饱和区的长度和宽度对截水效果的影响。但是,由于土体的孔隙结构复杂,充气过程中气、水两相间存在随时间不断发展变化的分界面,所以坡体中非饱和区的扩展是一个非常复杂的过程,非饱和区的长度和宽度的变化也难以确定。在第5章的物理模型试验中,非饱和区宽度的确定是基于简化假定,并非真实值,为了进一步探究非饱和区宽度随充气点数量的变化情况及其对充气截水效果的影响,下面采用岩土工程软件 Geo-Studio 建立数值分析模型,对充气非饱和区宽度变化及对坡体渗流场的影响过程做进一步的分析。

边坡数值分析的模型尺寸、数值模型网格划分和主要的边界条件如图7.15所示,采用的参数见表7.4。数值分析中建立的模型的尺寸、边界条件和参数选取均尽量和前文物理试验模型保持一致,数值分析模型中参数的选取经过反演分析多次调试,使自然渗流条件下和充气过程中数值模拟得到的地下水位及渗流量变化与物理模型试验得到的结果均达到基本一致。其中,反演得到的土体完全饱和时的水相渗透系数 $k_s = 1.04 \times 10^{-5}$ m/s,约为试验实测值的两倍,考虑试验和数值模拟的差异,可以认为两者是相当接近的。模拟中设置了 A, B, C, D 和

E共5个充气位置,如图7.15所示,其中A点距坡体上边界2.6 m,相邻充气点间距为0.4 m。共进行了10次模拟,第1~5次模拟充气压力均为32 kPa,充气点从1个增加到5个。第6~10次模拟充气压力均为35 kPa,充气点从1个增加到5个。每次模拟的充气持续时间均设置为3 d。

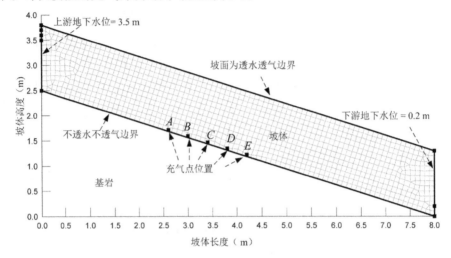

图7.15　数值分析模型的尺寸、网格划分及边界条件

表7.4　数值分析模型的计算参数

水相渗透系数 $k_{sat}(m/s)$	气相渗透系数 $k_{dry}(m/s)$	饱和体积含水量 $\theta_s(m^3/m^3)$	残余体积含水量 $\theta_r(m^3/m^3)$
1.04×10^{-5}	2.08×10^{-4}	0.43	0.05

在32 kPa充气压力下,随着充气点的增加,3 d后充气非饱和区的扩展情况如图7.16所示。为了确保非饱和区的低渗透性,需要非饱和区的饱和度降幅不能太小,所以本节将饱和度降低30%以上的区域作为充气形成的有效非饱和区,即图7.16中的灰色部分。模拟结果表明,单点充气非饱和区的形状大致为椭圆形,多个充气点形成的非饱和区宽度不是单个充气点形成的非饱和区的简单加和,充气点之间存在相互影响,使得多个充气点形成的非饱和区呈现近似的矩形。此外,非饱和区宽度的增加并不与充气点数量的增加而线性增加,而且非饱和区宽度的扩展并不沿充气点对称分布,而是偏向坡体下游方向。非饱和区的不对称扩展是因为受到地下水渗流的影响,这与Reddy和Adams(2000)

的研究是一致的。Reddy 和 Adams 基于室内模型槽试验得出,当地下水水力梯度大于0.011时,应当考虑地下水流动对空气流动形态的影响。本书的模拟中,地下水水力梯度约为0.4,因为受到地下水渗流的影响,所以充气点下游的非饱和区面积远大于上游。在35 kPa 充气压力下,非饱和区随充气点数量增加的扩展情况与前述相似,只是在同样的充气点数量时,较大的充气压力得到的非饱和区宽度也较大。

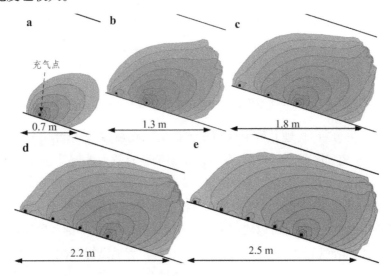

图7.16　数值模拟中非饱和区宽度的变化(P=32 kPa)

在第5章中经推导得出阻水比随非饱和区宽度变化的理论公式如下:

$$\lambda = \frac{\dfrac{k_0}{k_p}-1}{\dfrac{k_0}{k_p}+\dfrac{B_0}{B_p}} \qquad (7-1)$$

将数值模拟得到的阻水比随非饱和区宽度的变化情况与理论公式(7-1)拟合,如图7.17所示,数值分析中充气压力分别为32 kPa 和35 kPa 时非饱和区宽度与阻水比的关系可分别用 k_p/k_0=0.25 和 k_p/k_0=0.15 时的理论变化曲线进行拟合,数值模拟结果与理论分析有较好的一致性。数值分析表明,阻水比随非饱和区宽度的增加先快速增大而后逐渐趋于稳定。充气压力为32 kPa 下采用间距0.4 m 的三点充气时,充气3 d 后的阻水比为0.57;充气压力为35 kPa 下采用间距0.4 m 的两点充气时,充气作用3 d 后阻水比达到了0.68。此后再增加充气点,虽然非饱和区宽度大大增大,但阻水比的提升幅度很小。

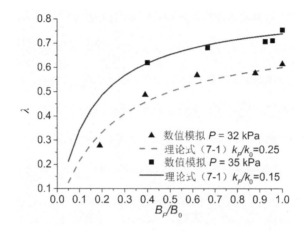

图7.17 数值分析中阻水比随非饱和区宽度的变化

综合理论分析、物理和数值模拟三方面的分析可知,当非饱和区渗透性一定时,随着非饱和区宽度的增加,截水效果初期会有较大的提升,随后提升幅度逐渐减小,并逐渐趋于稳定,这个稳定的截水效果值取决于非饱和区渗透性的高低。这一变化规律对于充气截排水方法的设计具有重要意义,它表明,在非饱和区渗透系数一定时,可以使得截水效果有较大提升的非饱和区宽度的范围也是一定的;非饱和区的宽度超过这个范围后,若想继续提升截水效果,已经不能通过增加非饱和区宽度来获得,而应该通过降低非饱和区的渗透系数来得到。

7.6　非饱和土层厚度

非饱和土层的厚度指充气点处水位线到坡面的距离。选取几种不同非饱和土层厚度的坡体,进行充气截排水数值模拟,分析边坡地下水位以上非饱和土层厚度对充气截排水效果的影响,并对坡体充气后的渗流场变化进行探讨。计算模型如图7.18所示。滑坡体位于基岩上方,坡体与基岩分界面固定,坡体厚度分别取为10、12、14和16 m进行分析,坡长为100 m,坡度为21°,充气点位置坐标为(25,31)。先进行稳态分析,然后将稳态分析的结果作为边坡初始条件,再进一步进行瞬态分析。

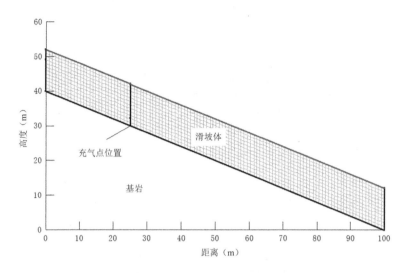

图7.18　边坡模型和网格划分

　　未充气时的边界条件:取坡体后缘作用的水位高程49 m,即基岩面以上有9 m水头高度,坡面及坡体右侧为潜在渗流面边界,滑面以下基岩设为不透水边界。充气时的水相边界条件与未充气时相同。充气时的气相边界条件:充气的气压选取能够启动气水置换的压力值,充气压力略大于充气点的水压力和上部非饱和土体的气阻压力之和,坡面为透气边界,边界气压大小为自然大气压力;坡体两侧和底部为不透气边界。

　　基于Van Genuchten提出的土水特征曲线进行分析,并根据工程地质手册的经验数据,选取饱和体积含水量为0.352 m³/m³,残余体积含水量为0.04 m³/m³的粉砂。采用Van Genuchten模型预测非饱和渗透系数函数,SEEP/W中只需给定饱和土的渗透系数 k_s 和干土的透气系数 k_d 即可得到非饱和土渗透系数函数和透气系数函数。根据工程地质手册的经验数据,土体材料饱和渗透系数取 $k_s = 1.2 \times 10^{-5}$ m/s,一般干土渗气系数比饱和渗水系数大1~2个数量级,此处取透气系数 $k_d = 10k_s$。

7.6.1　非饱和土层厚度对允许充气压力的影响

　　首先进行稳态分析,得到自然稳定渗流状态如图7.19所示,进气管顶部与稳定渗流水位之间的水头差为7 m,充气点处水位线以上到坡面的距离即为非饱和土层的厚度 h。

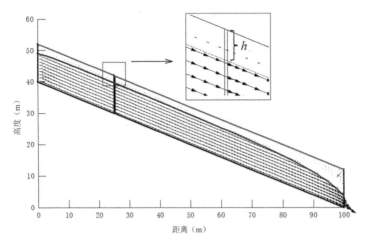

图7.19 自然状态渗流场

考虑到启动气压值约等于上覆水层水头压力值和土体进气压力值之和,设定初始充气压力为70 kPa,然后逐渐增大充气气压进行模拟,发现当充气压力为87 kPa时,充气区附近地下水位抬升并开始流出坡面,继续增大气压,最后发现能够形成稳定非饱和区的充气压力上限值约为130 kPa。以非饱和土层厚度为2.3 m,充气压力为100 kPa的工况为例,坡体充气稳定后的渗流场如图7.20所示。

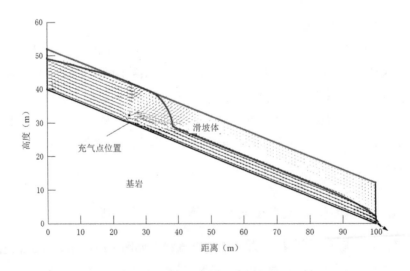

图7.20 坡体充气稳定后的渗流场

对其他非饱和土层厚度的边坡进行同样的模拟,发现启动气压值均在71 kPa左右,同时规定地下水刚好能被排出坡面时的气压值为临界气压值,能形成稳定非饱和区的气压值为充气压力上限值,而启动气压值到充气压力上限值这段区间为允许充气压力范围,具体各非饱和土层厚度坡体的特征压力值见表7.5。

表7.5 不同非饱和土层厚度的特征充气压力

土层厚度 H(m)	非饱和土层厚度 h(m)	启动气压值 (kPa)	临界气压值 (kPa)	充气压力上限值 (kPa)
10	0.3	71	75	110
12	2.3	71	87	130
14	4.3	71	98	141
16	6.3	71	121	150

从表7.5可以看出,随着非饱和土层厚度的增大,启动气压值没有明显的变化,而能使地下水刚好排出坡面的临界气压值和能形成稳定非饱和土层的充气压力上限值都有明显的增大。这是由于非饱和土层厚度较小时,地下水位埋深较浅,受充气压力作用后水位稍有抬升就流向了坡面,使得充气部位上方的水头压力没有显著增大。而当非饱和土层厚度较大、地下水位埋深较深时,充气后充气区上方有足够的空间容纳水位上升,那么水头压力值就会增大,需要更大的充气压力才能使地下水流向坡面。同时水位抬升水头压力增大之后,充气压力上限值也随之增大,亦表现为充气压力允许范围随着非饱和土层厚度的增大而增大。

7.6.2 非饱和土层厚度对坡体地下水位的影响

针对不同非饱和土层厚度的坡体,在充气压力允许的范围内,即从启动气压值到充气压力上限值之间等间隔选取若干充气压力值进行模拟。待渗流稳定后,取x=50 m处的压力水头值(以滑面为0点)进行分析,结果如图7.21所示。

由图7.21可以看出对于不同非饱和土层厚度坡体,在允许的充气压力范围内,充气压力越大,充气点下游坡体压力水头越小,即潜在滑坡区地下水位的降幅越大。再对比各非饱和土层厚度对应的曲线发现,充气压在70～110 kPa之间时,h=0.3 m 土层厚度的充气截排水效果都是最好的。对于其他厚度,只有当气压超过对应非饱和土层厚度的临界充气压力值(即充气后地下水刚好能够流出坡面的气压)时,非饱和土层厚度较小的坡体的截排水效果才比非饱和土层厚度较大的坡体的截排水效果好,如充气压力大于 87 kPa 时,h=2.3 m 的坡体的潜在滑坡区地下水位比 h=4.3 m 和 h=6.3 m 对应的地下水位更低。

为了更直观地对比各非饱和土层厚度坡体在相同充气压力作用下的截排水效果,选取充气压力为 80 kPa,90 kPa,100 kPa,110 kPa,对各非饱和土层厚度的坡体进行模拟,得到充气稳定后潜在滑坡区指定点处地下水压力水头并进行对比分析,得到的结果如图 7.22 所示。

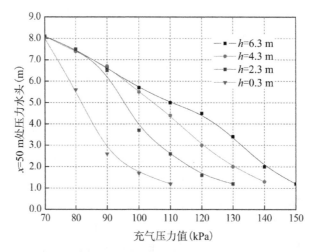

图7.21 不同非饱和土层厚度下充气压力与地下水水头关系

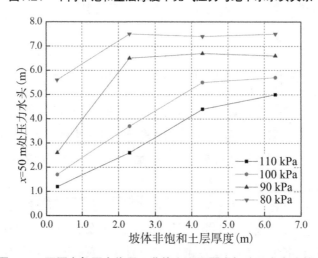

图7.22 不同充气压力作用下非饱和土层厚度与地下水水头关系

由图7.22可以看出,当充气压力接近某一非饱和土层厚度坡体的临界充气压力值后,非饱和土层厚度增大变化对坡体充气截排水效果的影响就不再敏感,如充气压力为90 kPa时,接近非饱和土层厚度为2.3 m时充气的临界气压值,此充气压力下,对于非饱和土层厚度更大的坡体,水流已不能被排出坡体,截排水效果不再提高。

7.6.3 非饱和土层厚度对地下水渗流场的影响

对坡体充气会导致坡体的渗流场发生变化。在刚开始充气的一段时间内,非饱和截水帷幕尚未形成,受气压作用局部范围内地下水位会有所上升,随着充气的持续,非饱和土层逐渐扩大并趋于稳定,土层局部渗透性大幅降低。在这一过程中坡体不同区域渗流场的变化存在很大差异,在这里将坡体分为充气区上游、充气区、充气区下游三部分进行分析,以非饱和土层厚度为0.3 m的坡体为例,充气气压为100 kPa。选取充气区上游 $a(16,37)$, $b(19,36)$, $c(22,35)$, $d(19,39,)$, $e(19,33)$五个点;充气区适当加密,选取 $f(27,34)$, $g(29,33)$, $h(31,32)$, $i(33,31)$, $j(35,30)$, $k(31,36)$, $l(31,34)$, $m(31,30)$, $n(31,28)$九个点;充气区下游考虑到沿坡向各点渗流场差别不大,所以只选取 $o(50,29)$, $p(50,25)$, $q(50,21)$三个铅锤方向的点。具体各监测点位置如图7.23所示。

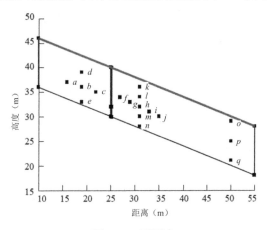

图7.23 观测点

（1）充气区上游

充气稳定后,对于上游铅锤方向点 d, b, e,经过的地下水流速随时间变化曲线如图7.24所示;对于沿坡方向点 a, b, c,流经水流的流速随时间变化如图7.25所示。

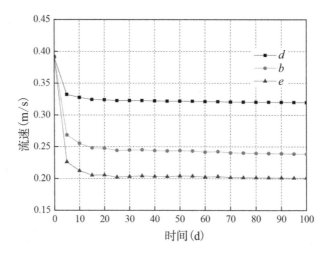

图7.24 充气区上游铅锤方向各点水流流速与时间的关系

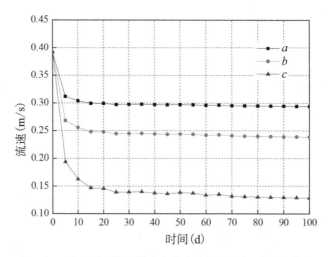

图7.25 充气区上游沿坡方向各点水流流速与时间的关系

从图7.24可以看出,充气后坡体中水流流速明显下降,且流速分布呈现上大下小的现象,对于其他气压下的情况也是如此,只是气压越大,稳定后的流速越小(取其中具有代表性的点b分析,如图7.26所示),说明在合适的充气气压范围内,气压越大截排水效果越好,同时发现当气压接近或达到充气压上限时,在刚开始一段时间内水流流速较不稳定,进一步说明充气气压不能太大,否则难以形成稳定的非饱和带。由图7.25可知,充气稳定后,越靠近充气非饱和土层的点流速越小。对于非饱和层厚度为2.3 m,4.3 m,6.3 m的坡体进行模拟,发现也具有类似的规律,只是随着非饱和层厚度的增加这些现象越来越不明显,即土层中水流流速不均匀性变小。

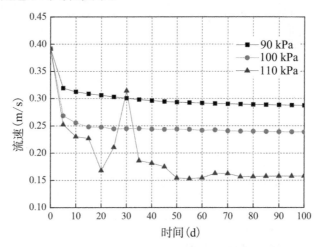

图7.26　充气区上游b点水流流速与时间的关系

（2）充气区

充气稳定后,铅锤方向的点k,l,h,m,n,流经地下水的流速随时间变化如图7.27所示,沿坡向的点f,g,h,i,j经过的水流的流速随时间变化如图7.28所示。

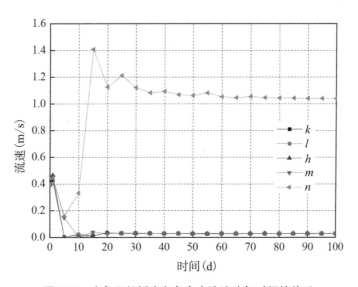

图7.27　充气区铅锤方向各点水流流速与时间的关系

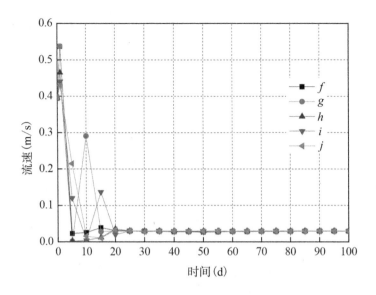

图7.28　充气区沿坡方向各点水流流速与时间的关系

结合图7.27和图7.28可以看出，除铅锤方向最低点n外，流经充气区各点的水流流速分布在充气稳定后都比较均匀且流速都很小，说明土体孔隙中可自由流动的水已几乎排除，形成稳定的非饱和带，而n点由于其高程低于充气区域所在位置的高程，受气压影响较小，最后稳定时的非饱和程度较低，稳定水流流速较大。基于上述原因，选取具有代表性的点h和特殊点n作为监测点，得到在各个非饱和层厚度下充气压力与此点最后稳定流速的关系曲线，如图7.29和图7.30所示。

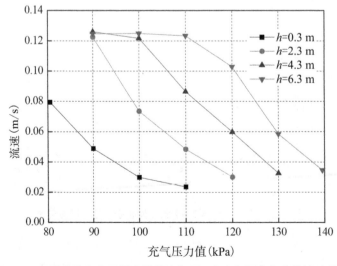

图7.29　不同非饱和土层厚度坡体充气区h点充气压力与水流流速关系

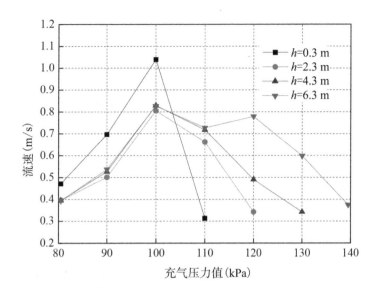

图7.30 不同非饱和土层厚度坡体充气口下部 n 点充气压力与水流流速关系

如图7.29所示,不同非饱和土层厚度的坡体,在各自的允许充气压力范围内,非饱和区中水流的流速呈现随充气压力增大而减小的规律,且非饱和区中水流流速很小,说明充气排水效果比较理想。对不同非饱和土层厚度的坡体施加相同的气压,发现非饱和土层厚度越小,充气区中水流流速越小,这说明截排水效果与非饱和土层厚度有关,且厚度越小效果越好。

由图7.30可知,对于一定非饱和土层厚度的坡体,流经充气区充气口下部 n 点的水流速度随着气压的增大大致呈现先增大后减小的规律。这是因为充入坡体的气体主要沿着水位下降的方向扩散至坡面,对于比充气点位置低的附近区域,当充气压力较小还不足以排出孔隙水时,气压力起到推动的作用加快了水流的流动,而当充气压力足够大时,n 点所在土体中的孔隙水被排出从而形成了非饱和带,水流流速又大幅下降,但总的来说坡体土层底部地下水流速明显大于上部地下水流速。上述现象也进一步说明了充气压力越大,影响范围越大,截排水效果越好。

（3）充气区下游

充气稳定后,充气区下游铅锤方向的点 o,p,q,流经地下水的流速随时间变化如图7.31所示。

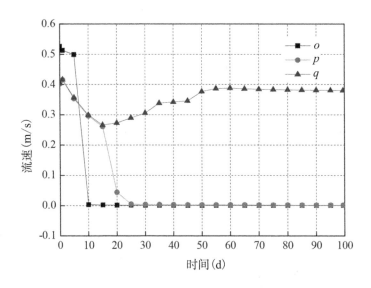

图7.31 充气区下游铅锤方向各点水流流速与时间的关系

可以看出流经点o,p的水流速度几乎为零,点q处水流的速度先减小后增大,稳定流速与原速度相差不大。这是由于充气后形成截水帷幕,地下水流速减小,同时有一部分水流出坡面,从而使流到非饱和区下游的流量减小,下游水位降低,水位线以上的土体也变成了非饱和土,其中的水流流速很小,而水位线下的土体仍然饱和,充气稳定后的流速与自然稳定渗流时的流速很接近。

对于其他不同非饱和土层厚度的坡体,在不同充气压力作用下渗流稳定后,发现流经点o,q的地下水流速情况与上述相似。说明,充气虽然降低了坡体下游地下水位,但是对于下游坡体的地下水流速没有影响,且非饱和土层厚度对此也无影响。对于流经p点的水流流速则由其与稳定后地下水位线的相对位置决定,当位于水位线以下时即与流经q点的水流流速相同,当位于水位线以上又高于土体毛细影响范围时即与流经o点的水流流速相同,但当刚好在毛细影响范围内时,流经此点的水流稳定速度在流经o点和流经q点的水流流速之间。

通过上面的分析可知,对地下含水层厚度及水头相同但非饱和土层厚度不同的坡体,它们的充气启动气压几乎相同,但是充气气压上限值随着坡体非饱和土层厚度的增大而增大,表现为坡体非饱和土层越大,允许充气气压范围越大。当地下含水层厚度及水头一定时,每一非饱和土层厚度的坡体对应有一个临界气压力,在此充气压下,地下水刚好能从坡体表面排出,非饱和土层厚度越大,相对应的临界压力也越大,充气压力大于临界气压力时截排水效果明显优于充气压力小于临界气压力时,所以充气气压选在临界气压力与充气气压上限值之间为好。对非饱和土层厚度一定的坡体,在允许的充气压力范围内,充气压力越大,其下游水位降深越大,充气截排水效果越好。取允许范围内的一定气压值,坡体非饱和土层厚度越小,充气后地下水位降深越大,截排水效果越好,即充气截排水更适合用在水位埋深较浅的坡体中。

第8章 土体充气变形破坏机理研究

边坡充气截排水技术对于减慢地下水入渗,形成止水帷幕并降低地下水位有着积极的作用。气体和水都具有中性压力特性,压入岩土孔隙中的气体压力与孔隙水压力一样为各向同性。采用高压充气法将大量高压气体注入坡体内部,虽然会使岩土介质中的自由水排出来,但如果气压过高及坡体中形成高气压的范围过大,就可能使坡体发生不同程度的松动,降低潜在滑面的抗滑力,触发滑坡的发生,不仅达不到防治滑坡的目的,反而还会对滑坡的稳定有害。高压气体注入坡体,不同岩性可能出现不同的问题:黏性土坡可能会形成"气囊",产生"气垫效应",导致滑坡稳定性下降;碎石土边坡可能漏气,不能在坡体中形成有效气压来挤排地下水。本章从充气截排水可能导致的负面效果入手,研究充气后不同类型土体的破坏方式及其控制措施,开展压气截排水过程对局部土体稳定性影响的模型试验和计算分析。

8.1 土体充气破坏物理模型试验

8.1.1 试验装置及试验步骤

试验模型如图 8.1 所示,主要由充气机、稳压阀和试验桶构成。为了便于观察,模型试验桶采用透明的高强度有机玻璃桶,模型桶直径为 25 cm,高度为 70 cm。玻璃桶底部设置一直径为 0.5 cm 的充气孔。充气设备由空气压缩机和气压调控范围在 2~30 kPa 的稳压阀组成,以确保充气

图8.1 物理试验模型

气压稳定。试验时用带孔的玻璃板盖住桶口,防止试验过程中气压过大导致土体颗粒飞出桶外。

模型土搅拌均匀后装入试验桶,在试验前先行浸泡,静置3 d以确保土体饱和,除去桶内部表面积水。充气气压采用逐渐加大的方式,在某一气压下,1 min内未出现明显裂隙,充气气压加大5 kPa。试验土层分单层,双层和三层,共8组试验模型。单层试验土样有:淤泥质土,松散干燥坡积土和粉砂质黏土3组试验模型;双层土体为不同性质两种土体组合,共有2组试验模型;三层土体为不同性质三种土体组合,共3组模型。双层和三层土体试验时,土层的组合主要是考虑各层土的透气性。双层土体的两组试验分别是透气性上好下差和透气性上差下好。三层土体的选择是在两层土体的基础上加入了透气性好和差的夹层,来探索夹层对试验的影响。同时三层土体试验时,还补充了一组对照试验。具体试验组如下:

单层试验组1:单层淤泥质土。

单层试验组2:松散干燥坡积土。

单层试验组3:单层粉砂质黏土。

双层试验组4:下部碎石黏性土,上部松散干燥坡积土(透气性上好下差)。

双层试验组5:下部碎石黏性土,上部饱和坡积土(透气性上差下好)。

三层试验组6:下部碎石黏性土,中部为饱和淤泥质土,上部为松散干燥的坡积土(在双层试验组4的基础上加入透气性差的夹层)。

三层试验组7:下部饱和淤泥质土,中部含碎石黏性土,上部饱和的坡积土。

三层试验组8:下部含碎石黏性土,中部碎石,上部为饱和的坡积土(在双层试验组5的基础上加入透气性好的夹层)。

试验过程如下:

1)试验材料的处理:对于黏性土样品用水浸泡,除去杂物,用搅土器搅拌均匀后,放入试验桶静置3 d,每隔24 h当表面有明显积水时,用干的土工布吸干,表面抹平后试验。对于干燥松散土体,用5 mm土工筛,除去较大粒径的颗粒。分层土体试验时,第一层堆放完毕后,静置3 d,再堆放另一层。

2)数据采集:称量模型桶装满土样后的重量和土样高度,计算土样的重度。同时在试验测量土体的含水率和松散颗粒土的级配情况。

3)气压设置:气压采用逐级增加的方式,初始气压设置为5 kPa。选择的调压阀气压上限为25 kPa,即最大可提供25 kPa充气气压。

4)试验调压:试验过程中,压力的调节通过转动稳压阀上的螺栓,充气

1 min 后,无明显现象,增加充气气压 5 kPa,之后依次逐级增加,直至出现明显的破坏变形特点。

5）现象观察:试验全程摄像,同时在试验前后拍摄土样表面和侧面的对比图。

8.1.2　单层土的充气变形破坏

单层试验土样有淤泥质土、干燥松散坡积土和粉砂质黏土 3 组试验模型。

单层模型 1:试验土样为淤泥质土。土样高度 32 cm,测得土体重度为 1.519 g/cm³,土体近乎饱和,含水率为 35.3%。充气压力加大为 10 kPa 时,充气过程中土体出现一定的破坏现象,主要为微小裂隙的延伸和张开,直至延伸至表面形成透气孔洞,如图 8.2 所示,气体和水主要从圆形透气孔排出,表面其他位置无明显破坏现象。土体表面没有明显变形。

单层模型 2:试验土样为干燥松散坡积土。土样高度 31 cm,密度为 1.16 g/cm³,土体近乎干燥,土颗粒之间黏聚力较小。充气压力加大为 10 kPa 时,土体充气后,破坏现象较为明显。表面出现气体吹起的细小颗粒形成的扬尘,停止充气后,可见土体表面出现细小颗粒形成的集中带。

单层模型 3:试验土样为粉砂质黏土。土样高度 29 cm,密度为 1.66 g/cm³,土体近乎饱和,含水率为 30.8%。粉砂质含量约占 10%。充气压力加大为 15 kPa 时,出现破坏变形现象如图 8.2 所示。可见土体表面存在多条透气裂隙(见图 8.2),气体大量排出。同时表面出现细小变形,最大变形处竖向隆起约 0.5 cm。

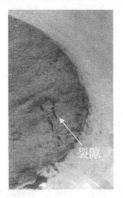

图 8.2　单层土体充气表面透气裂隙形状

综上可得,单层均质饱和土体在充气后,气体从充气点开始,沿着土体孔隙运动,当孔隙大小不足以使充入的气体稳定排出的时候,气压会使孔隙扩张形成裂隙。所以充气破坏情况均是以孔隙扩张形成明显裂隙开始，而后裂隙继续延伸扩展，裂隙扩展示意图如图8.3所示（虚线为推测的土体内部裂隙扩展路线）。而对于干燥松散的坡积土，则是以土颗粒宏观运动为主。主要表现为细小的土颗粒沿着土中孔隙吹出，在试验模型土表面，出现大量的细小颗粒集中区。

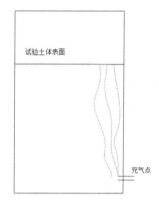

图8.3　单层土体充气破坏裂缝扩展

8.1.3　双层土的充气变形破坏

双层土体按照透气性的相对大小设计，两组模型相对渗透性分别为：上部土体大于下部和上部小于下部。为减少土体不均匀带来的影响，各层土体的处理与单层土体一致。

双层模型1：试验土样下部为含碎石黏性土，上部为松散干燥的坡积土。由模型上下两层对比可得，上部透气性优于下部透气性。充气气压加大为15 kPa时，可看见下部含碎石的黏性土层裂隙张开，整体微微抬起，但表面无明显的破坏现象，证明原有的上层土孔隙已经能够通过充入的气体。加大气压，直接采用25 kPa气压，土体表面出现扬尘，上层土体中细小颗粒被吹起，表面形成一个圆锥体的破坏坑，可见内部存在很多透气孔洞，气体从该处排出，且土体表面细颗粒含量明显增多。下层土体内部裂隙有继续扩大的现象。

双层模型2：试验土样下部为碎石黏性土，上部为饱和坡积土。该模型上下两层对比可得，上部饱和坡积土层透气性比下部碎石黏土层差。充气气压加大为15 kPa时，随着气体在两层土体交界面积累，气压增大。两层交界面裂隙扩张，上方土体被抬起，同时上方饱和坡积土内部出现许多张开的小裂隙，试验情况如图8.4所示。可见上方土体上抬约15 cm后，上部土体内部裂隙扩张至表面，形成一个泄气的通道，气体迅速排出。上部土体迅速回落。整个过程中推测的裂隙扩展情况为：裂隙在下层碎石黏性土扩展，贯通至两层交界面，气体在交界裂隙面聚集，裂隙面扩展，两层土体抬起分离，而后气体扩展至上部饱和黏性土，形成许多微小裂隙，直至某一裂隙贯穿至表面，形成完整排气路径，最后抬空区气体排出，土体回落。

8.1.4　三层土的充气变形破坏

三层土试验模型是分别在两层土试验模型的基础上，加入了透气性好的夹层或者透气性差的夹层，以此来研究多层土时，夹层的透气性对土样破坏情况的影响。

三层模型1：试验土样下部为含碎石黏性土，中部为饱和淤泥质土，上部为松散干燥的坡积土。该三层土体，按相对透气性大小，由下至上为中等，差，好。充气后加大气压至15 kPa，可见中层淤泥质土体与下部土体分离抬起，抬起约1 cm后，淤泥质土层出现剪切裂隙，裂隙贯穿中层淤泥

图8.4　下部碎石黏性土上部饱和坡积土充气破坏现象

质土后，土体上升停止，表面松散土体内部细小颗粒被吹起，表面破坏区分布范围较大。整个过程中推测的裂隙扩展情况为：裂隙在下层碎石黏性土层扩展，贯通至与淤泥质土层交界面，气体在交界裂隙面聚集，裂隙面扩展，淤泥质土层抬起分离，而后气体扩展至淤泥质土，形成许多较明显的剪切裂隙，迅速贯穿，气体进入上层土体，干燥坡积土表面细小颗粒被吹起，形成透气孔洞，至此形成完整排气路径。淤泥质土层回落，如图8.5(a)所示，虚线为裂隙扩展示意路线。

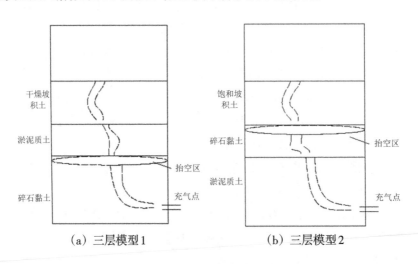

（a）三层模型1　　　　　　（b）三层模型2

图8.5　三层土破坏裂隙扩展图示

三层模型2：试验土样下部为饱和淤泥质土，中部为含碎石黏性土，上部为饱和的坡积土。该三层土体，按相对透气性大小，由下至上为差、好、差。土体去除表面积水，静置3天后试验，充气后加大气压至15 kPa。观测可得：在含碎石黏性土和饱和坡积土之间存在微微的抬起，而后裂隙迅速扩张至表面，可见土体出现一直径约1.5 cm透气破坏孔，呈锥形破坏孔状（见图8.6）。推测的裂隙扩展情况为：裂隙在下层饱和淤泥质土层

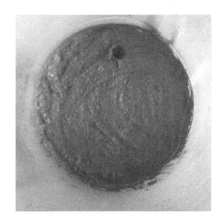

图8.6　三层模型2破坏表面图

扩展，贯通至与含碎石黏性土层交界面时，气体直接穿过交界面，到达碎石土与饱和坡积土的交界面。气体在交界裂隙面聚集，裂隙面扩展，饱和坡积土层抬起分离，而后气体扩展至饱和坡积土，迅速贯穿，形成透气孔洞。至此形成完整排气路径。示意图如图8.5（b）所示，虚线为裂隙扩展示意路线。

三层模型3：试验土样下部为含碎石黏性土，中部为碎石，上部为饱和的坡积土。该三层土体，按相对透气性大小，由下至上为中等、好、差。土体去除表面积水，静置3天后试验，充气后加大气压至15 kPa，上层土体抬起，土体抬起约20 cm后停止充气。静止2 min后，上部抬起土体出现两条贯穿的裂隙，气体沿裂隙迅速排出。上部抬起土体迅速回落。整个过程中推测的裂隙扩展情况为：裂隙在下层碎石黏性土扩展，贯通至碎石层，气体直接通过碎石层，在碎石与饱和坡积土交界裂隙面聚集，裂隙面扩展，上层饱和坡积土土体抬起分离，形成约20 cm高的抬空区，上层土体在抬起过程中内部裂隙发育，直接裂隙贯穿表面，至此形成完整排气路径，饱和坡积土回落。

所有试验情况汇总见表8.1。

表8.1　试验情况汇总

试验编号		试验土层	充气气压（kPa）	裂隙扩展情况
单层土体	1	单层淤泥质土	10	裂隙扩展，直到表面形成圆形透气孔洞
	2	松散干燥坡积土	10	气体直接通过大孔隙，细小颗粒集中在表面吹起
	3	单层粉砂质黏土	15	裂隙扩展，直到表面形成许多透气裂缝

（续表）

试验编号		试验土层	充气气压（kPa）	裂隙扩展情况
双层土体	4	下部碎石黏性土，上部松散干燥坡积土	15	下部土发育许多微小裂隙，上部土体细小颗粒被吹出，形成一个锥形破坏坑
	5	下部碎石黏性土，上部饱和坡积土	15	裂隙在两层土体内部以扩展为主，在两层交界面裂隙张开，形成抬空区
三层土体	6	下部碎石黏性土，中部饱和淤泥质土，上部松散干燥的坡积土	15	下部裂隙扩展，在中下交界面聚集抬起中部土体，中部拉张裂隙发育贯穿，上部土细小颗粒被吹起，形成许多小的破坏坑
	7	下部含碎石黏性土，中部饱和淤泥质土，上部饱和的坡积土	15	裂隙在下层扩展，气体直接穿过下层和中层交界面，到达上层与中层的交界面聚集抬起，上部土体表面形成透气孔洞
	8	下部含碎石黏性土，中部碎石，上部饱和的坡积土	15	裂隙在下层扩展，贯通至碎石层，在碎石与饱和坡积土交界面聚集，土体抬起。裂隙在上部土层扩展至表面

　　对比上述8组试验结果，可得出如下结论：①对于不同性质的均质土体，起始破坏气压不同，虽然都是裂隙扩展至表面形成透气通道，但是表面透气孔形状不同。例如试验1和试验3，透气孔形状分别为圆形和长条形。②结合双层和三层试验可知，当存在土体组合时，透气性的梯度会在交界面产生变化。试验发现当上层透气性小于下层透气性时，会在交界面产生气囊，使上层土体抬起。对于上层透气性大于下层，裂隙的扩展与均质土中相似。③对比试验4和6可知，在原有土层中加入透气性差的夹层，会使破坏程度加大。对比试验5和试验8可知，在原有土层结构中，如果加入透气性好的夹层，对试验现象无影响。④试验过程中，由于试验桶没有设置排水口，充气一段时间后，饱和土体表面可见有水溢出积累。

　　不同类型的土体具有不同的土颗粒大小和孔隙特性及土层结构，决定着气体运移的基本规律。综合上述试验，土体充气后的试验破坏类型主要有三种基本模式：①均质饱和土体内部充气后，土体孔隙扩展形成一条延伸的裂隙，随着裂隙扩展直至贯通表面，在土体表面形成透气孔洞；②对于松散干燥的土体，土体颗粒间黏聚力较小，充气后主要表现为细小颗粒在大孔隙中移动，最终土体表面形成许多细小颗粒集中带，同时在表面也形成破坏坑；③对于存在透气性差异的分层土体，在土体分层处会存在气压梯度的变化，当上部土体透气性小于下部土体时，气体会在分界面聚集，形成气囊，土体抬起。气体聚集到一定程度后,透气性小的上部土体孔隙扩张延伸直至表面,形成完整的透气通道。当上部土体透气性大于下部土体时,土体破坏与单层均质土一致。

8.2 土体充气破坏机理分析

8.2.1 土体裂隙扩展理论

土体的微观结构控制着土体的力学性质,土体孔隙大小不一,当气体在土体中流动时,会优先通过大孔隙。而在土体颗粒密集的地方,气体会在此处产生集中现象。在研究土体充气过程时,可把大于某一直径长度且延伸较长的孔隙看作裂隙,其余部分当作均质土体考虑。因此,土体受力可简化成带有许多微小裂隙的弹塑性体。

根据线弹性断裂力学理论,运用应力强度因子 K 的概念,来推导土体充气后的变形特点。对于一定的材料,存在一个临界应力强度因子 K_{IC},它只与材料性质有关,材料发生断裂的判据为:

$$K_I \geqslant K_{IC} \tag{8-1}$$

运用该理论来判断土体起裂破坏过程。为简化计算把土体看作横观各向同性材料,因此土体计算可简化为二维问题。假设土体中有一条裂缝长度为 $2l$ 的微小裂隙,裂隙与水平面夹角为 α,如图8.7所示的是在土体内部进行充气时,原有裂隙所在的微小单元体内所受的应力状态。由弹塑性断裂力学可知,尖端裂隙强度因子满足叠加原理:

$$K_I(\sigma_x, \ \sigma_y, \ p) = K_I(\sigma_x, \ \sigma_y) + K_I(p) \tag{8-2}$$

而对于裂缝表面存在均匀分布的应力时,裂缝尖端的应力强度因子为:

$$K_I = \frac{1}{\sqrt{\pi l}} \int_{-l}^{l} \sigma(r) \sqrt{\frac{l+r}{l-r}} \, \mathrm{d}r \tag{8-3}$$

当只考虑 σ_x, σ_y 作用时:

$$K_I(\sigma_x, \ \sigma_y) = -\sigma(r, \ \alpha) \sqrt{\pi l} \tag{8-4}$$

考虑充气气压 P_0 作用时,裂隙处的气压 p 与充气气压,裂隙的位置存在一定的关

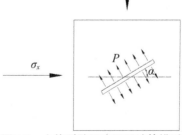

图8.7 土体裂隙强度因子计算模型

系：$p=f(P_0,\ x,\ y)$。当p单独作用时：

$$K_I(p)=p\sqrt{\pi l} \tag{8-5}$$

综合式（8-1）~（8-5）得：

$$K_I=\left[p-\sigma(r,\ \alpha)\right]\sqrt{\pi l} \tag{8-6}$$

在土体充气时，竖向应力主要为上部土体的重力$\sigma_y=\gamma h$，水平应力主要为静止土压力$\sigma_x=K_0\gamma h$，其中γ为上部土体的平均重度，K_0为静止土压力系数。代入式（8-6）得：

$$K_I=\left[f(P_0,x,y)-\gamma h\cos^2\alpha-K_0\gamma h\sin^2\alpha\right]\sqrt{\pi l} \tag{8-7}$$

由于静止土压力系数小于1，所以在其他条件相同时，裂缝与水平面的夹角$\alpha=90°$时，K_I最大。因此，在土体裂隙各个方向分布较均匀时，土体破坏优先沿竖向裂隙开始扩展，直至土体表面。该理论很好地解释了单层土体以及上部透气性好于下部的分层土体在充气后的破坏机理。

对于多层土体，土体间交界面位置可看作一条横向的大裂隙，根据断裂力学无限大均质平板的平面应力问题可知，微小裂隙张开后为一个如下的椭圆：

$$\frac{y^2}{\delta^2}+\frac{x^2}{a^2}=1 \tag{8-8}$$

其中，$\delta=\frac{4\sigma}{E}a$，$a$为半裂隙长。

由此可判断，双层土体充气初期，裂隙先在下面土体内部扩展，直至土体交界面时，交界面处存在透气梯度的变化，因此气体汇聚，分界面开始分离，逐渐形成一个椭圆形的气囊。含椭圆裂隙材料裂隙周围的应力强度因子表达式，将椭圆方程代入得：

$$K_I=\frac{\sigma\sqrt{\pi\delta}}{\Phi}\left(\sin^2\beta+\frac{\delta^2}{l^2}\cos^2\beta\right)^{\frac{1}{4}} \tag{8-9}$$

其中，Φ为第二类椭球积分。由式（8-9）可看出，对于椭圆形裂隙，K_I在椭圆裂隙边缘处是变化的。在短轴（$\beta=\pi/2$）处，K_I最大；在长轴（$\beta=0$）处，K_I最小。

综上可得，土体在充气后，存在如下破坏方式：单层土体充气初期，裂隙开始扩张延长，对于竖向裂隙发育的土体，裂隙直接贯穿至表面，形成稳定的透气通道；对于分层土体，由于分界面处存在透气性的梯度变化，充气后裂隙扩展至交界面时，交界面扩展形成椭圆形气囊，而后气囊沿椭圆形气囊短轴扩展直至表面形成透气通道。这两种方式与前文物理试验得出的破坏方式吻合，该理论能用于解释试验中单层土体以及分层土体的破坏机理。

8.2.2 松散颗粒类土体破坏分析

该种破坏类型主要是小黏聚力的土体充气后的破坏方式。试验中松散干燥的黏性土可以用该种运动破坏模式描述。运用统计学的观点来对土体颗粒运动进行分析。假设干燥土体的粒径 d 服从正态分布，粒径的分布函数如下：

$$d \sim (\mu, \sigma^2) \tag{8-10}$$

按照正态分布的概念，μ 对应值是整个粒径的平均值。根据土体级配曲线，$\mu = d_{50}$。正态曲线下土颗粒密度函数为：

$$P(x) = \frac{1}{\sqrt{2\pi}\,\sigma} e^{\frac{-(x-\mu)^2}{2\sigma^2}} \tag{8-11}$$

$\frac{d-\mu}{\sigma}$ 服从 $(0,1)$ 分布。查正态分布概率表得 $\varphi(0.25) = 0.6$，即 $\frac{d_{60}-\mu}{\sigma} = 0.25$，可得：

$$\sigma = 4(d_{60} - d_{50}) \tag{8-12}$$

假设土体孔隙大小与土体颗粒大小的分布情况相似：

$$d_{孔隙} \sim (e\mu, \sigma^2) \tag{8-13}$$

其中，e 为孔隙比。因为试验采用的充气气压较大，单个土颗粒受气压推力远大于重力。可认为土体颗粒能够在孔隙中运动的情形为：$d_{孔隙} > d_{颗粒}$，因此土体能发生运动的概率为：

$$P = \int_0^{+\infty} \varphi_x (1 - \varphi'_x) \mathrm{d}x \tag{8-14}$$

其中，φ_x 为土颗粒的分布函数；φ'_x 为孔隙的分布函数。分布函数与密度函数关系如下：

$$\varphi = \int_{-\infty}^{+\infty} P(x) \mathrm{d}x \tag{8-15}$$

将得出的颗粒与孔隙的分布函数代入式 $(8-14)$ 得：

$$P = \int_0^{+\infty} \mu_x (1 - \varphi'_x) \mathrm{d}x = 1 - \frac{1}{2\pi\sigma^2} \int_0^{+\infty} e^{\frac{-(x-e\mu)^2 - (x-\mu)^2}{2\sigma^2}} \tag{8-16}$$

将 σ 和 μ 代入式 $(8-16)$ 得：

$$P = 1 - \frac{1}{32\pi(d_{60}-d_{50})^2} \int_{-\infty}^{+\infty} e^{\frac{-\left[(x-ed_{50})^2 + (x-d_{50})^2\right]}{32\pi(d_{60}-d_{50})^2}} \mathrm{d}x \tag{8-17}$$

由式 $(8-17)$ 可得，能够沿孔隙运动颗粒的多少与土体孔隙度和颗粒级配存在较大联系。对于某一特定的土体，通过土工试验确定其级配曲线后，可根据式(18-17)估计出在充气气体影响区内,能运动的土颗粒多少。按照上述结论,试验采用的松散坡积土测得孔隙度 e 约为0.91,$d_{50}=2.6$ mm,$d_{60}=2.9$ mm。代入得 $P=0.604$。由此可得土体充气后,气体影响区的范围内能沿孔隙运动的颗粒约为全部土颗粒的60%。

8.2.3 气囊影响区形成机理分析

物理试验可知,当上部土体透气性小于下部土体时,由于分界面处存在透气系数梯度的变化,气体会在分界面聚集,形成气囊,将土体抬起。气体聚集到一定程度后,透气性小的上部土体孔隙扩张延伸直至表面,形成完整的透气通道。该破坏模型是充气试验中影响范围较大的一种情形。为具体研究气囊形成直至土体破坏后,气囊在上层表面影响区域的大小情况,将破坏区简化为一个剪切破坏锥形状后进行力学分析。计算模型如图8.8所示。假设土体在某一处形成一个长轴为 r 的气囊,之后气囊上部形成一个剪切破坏的圆台破坏区。土体为横观各向同性材料。沿破坏锥横向上气压不变。即:$\dfrac{\partial \sigma_h}{\partial r}=0$ 。

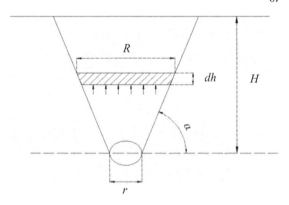

图8.8 土体破坏计算模型

依据摩尔库伦强度准则,建立如下平衡方程:

$$\frac{1}{4}\pi R^2 \mathrm{d}\sigma_h = \frac{1}{4}\gamma_{sat}\pi R^2 \mathrm{d}h + \pi r \mathrm{d}h\tau \qquad (8\text{-}18)$$

其中,$R=r+2h\cos\alpha$;$\tau=c+\sigma\tan\varphi$;c 为土体黏聚力;φ 为土体内摩擦角;γ_{sat} 为饱和重度。

代入式(8-18)得:

$$\sigma h = \lambda (r + 2h\cos\alpha)^{2\tan\varphi/\cos\alpha} - \frac{\gamma_{sat}}{4\tan\varphi - 2\cos\alpha}(r + 2h\cos\alpha) - \frac{c}{\tan\varphi} \qquad (8\text{-}19)$$

根据边界条件,取大气气压为0,当$h=0$时,$p=P$,其中P为充气气压;当$h=H$时,$p=0$,代入式(8-19)得:

$$\left(P + \frac{\gamma_{sat}rH}{4H\tan\varphi - R + r} + \frac{c}{\tan\varphi}\right) \cdot \left(\frac{R}{r}\right)^{4\tan\varphi H/(R-r)} - \frac{\gamma_{sat}RH}{4H\tan\varphi - R + r} - \frac{c}{\tan\varphi} = 0 \qquad (8\text{-}20)$$

由式(8-20)可以看出,最终破坏直径与土的性质c,φ,γ_{sat},以及土中初始气囊的大小r,埋深H,以及充气压力有关。按照上述结论,某种黏性土的$c=35$ kPa,$\varphi=16°$,$\gamma_{sat}=27.4$ kN/m³(从工程地质手册第四版查经验值),假设土层厚度为0.8 m,气囊大小$r=5$ cm,充气气压为40 kPa,充气气体影响变形破坏区的范围R约为0.723 m。但实际充气过程中,土层可能会出现裂缝,使得气囊排气导致气压下降,破坏区的范围R将会减少。

本节从理论上阐述了物理试验模型中产生的三种破坏的原因,为总结出的破坏模式提供理论支撑。应力强度因子理论主要运用在材料力学的领域,将其用来解释土体中充气后开裂的过程与试验实际破坏现象一致。颗粒运动模式分析是按照土颗粒筛分数据为依据,假设粒径和孔隙大小都服从正态分布的前提下进行的一种失稳概率的计算。气囊影响区是依照摩尔库伦强度准则建立的一个平衡方程,得出了一个关于影响区直径的方程式。按照推导出的颗粒运动理论和气囊破坏区理论,代入相应的数据进行计算,从计算结果上看,破坏影响的区域直径较小,在合理范围内。同时在实际中,随着充气进行,土层会出现裂隙,实际的影响区直径会小于计算值。因此,从理论上说明该三种破坏模式产生的破坏是有限的,对整体土体产生的破坏是可以接受的。

8.3　充气截排水渗流与变形耦合的数值分析

充气截排水技术的关键在于往坡体后缘充入有压气体,形成非饱和截水帷幕,从而减少地下水入渗到下游潜在滑坡区。对于非饱和截水帷幕形成过程的研究是十分重要的,这个过程涉及土体中水-气相互作用并不断发生运移,同时由于孔隙气压力与水压力的作用,在宏观上土体骨架在不同阶段也表现出相应的变形特征。由于向土体中充气,刚开始气压力会对土体有顶托作用使土体发生隆起变形,而当气体逸出后土体又会发生沉降变形。此过程类似于浅层气的形成和释放。浅层气作为封闭的压力,气体形成后可使地层微量膨胀,气体与土颗粒一起承担上覆的荷重,当气体在一定条件下逸出时就会发生以垂直沉降为主的变形。但当气体在无控制条件下释放时,含气层气压力急剧下降,快速的气流对土体产生冲刷,带走大量的土、砂颗粒,并且会严重扰动含气土层,降低土体强度。浅层气相关研究对于同样要在土层中形成含气非饱和区的充气截排水而言具有很强的借鉴意义。

本节利用岩土软件 Geo-Studio 中的 SEEP/W 和 AIR/W 模块耦合,模拟得到坡体充气情况下的瞬时非饱和渗流场,然后将得到的孔压改变导入 SIGMA/W 模块中的应力应变计算的每个荷载步,得到相应孔压改变的体积位移变化。上述过程就是非完全耦合分析,相比于完全耦合分析,非完全耦合分析可以先获取对非饱和渗流域的完全了解,有助于得到正确的水力边界条件、恰当的材料性质和合适的时间序列,更易于控制,而且数值上优于同时求解渗流变形的耦合方程。

8.3.1 控制方程与模型建立

充气时水-气两相运移控制方程在第6章已经述及,此处不再赘述。下面主要介绍渗流-变形耦合方程。假设所用土体材料的本构模型为线弹性模型,对于非饱和土介质的增量应变-应力关系可以写成式(8-21)所示:

$$\begin{Bmatrix} \Delta(\sigma_x-u_a) \\ \Delta(\sigma_y-u_a) \\ \Delta(\sigma_z-u_a) \\ \Delta\tau_{xy} \end{Bmatrix} = \frac{E(1-\mu)}{(1+\mu)(1-2\mu)} \begin{bmatrix} 1 & 0 & 0 & 0 \\ & 1 & 0 & 0 \\ & & 1 & 0 \\ & & & \frac{1-2\mu}{2(1+\mu)} \end{bmatrix} \begin{Bmatrix} \Delta(\varepsilon_x-\frac{u_a-u_w}{H}) \\ \Delta(\varepsilon_y-\frac{u_a-u_w}{H}) \\ \Delta(\varepsilon_z-\frac{u_a-u_w}{H}) \\ \Delta\gamma_{xy} \end{Bmatrix} \quad (8-21)$$

或者,这个增量应力-应变关系可以写成式(8-22)所示:

$$\{\Delta\sigma\}=[D]\{\Delta\varepsilon\}-[D]\{m_H\}(u_a-u_w)+\{\Delta u_a\} \quad (8-22)$$

其中, $[D]$ 是排水本构矩阵; $\{m_H\}^T=\langle \frac{1}{H} \ \frac{1}{H} \ \frac{1}{H} \ 0 \rangle$ 。 H 为与基质吸力 u_a-u_w 有关的土结构的非饱和土模量; μ 为泊松比; E 为土的弹性模量,可以是常数或上覆土层有效应力的函数。

数值计算模型的几何尺寸和边界条件如图8.9所示。

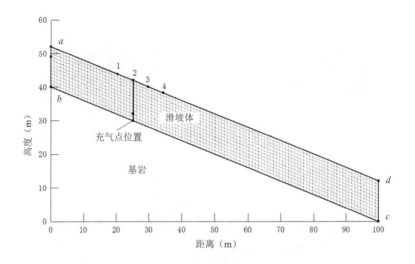

图8.9　几何模型和网格划分

采用粉砂作为模型材料,采用 Van Genuchten 模型定义土水特征曲线、渗透系数函数和透气系数函数,拟合参数取值为 $a=7$,$n=1.86$,$m=0.462$,结合工程地质手册及工程经验,取干土的透气系数 $k_d=10k_s=3.0\times10^{-3}$cm/s,饱和体积含水量 $\theta_s=0.352$ m³/m³,残余体积含水量 $\theta_r=0.04$ m³/m³。先进行水–气二相流的模拟,再将水–气二相流模拟结果导入 SIGMA/W 模块进行计算,假定坡体 ab、cd 边界只能沿竖向移动,bc 边界水平和竖向都固定,选取材料本构模型为线弹性模型,各参数取值见表8.2。

表8.2　模型材料参数

土体材料	泊松比 μ	材料重度 γ(kN/m³)	内摩擦角 φ'(°)	黏聚力 c(kPa)	弹性模量 E(kPa)
粉砂	0.334	19.7	34	6	12 000

8.3.2　坡体非饱和区气水运移过程及变形特征

首先进行稳态分析,将材料赋予到几何模型中,然后设定各边界条件,得到自然状态下的边坡初始渗流场。然后,将稳态分析得到的渗流场作为初始条件,在充气点处施加 100 kPa 的充气压力,得到非饱和瞬态渗流场的变化过程如图8.10所示。

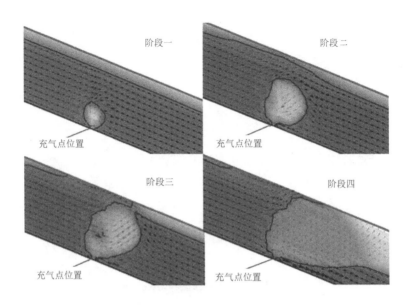

图8.10　充气时非饱和区以及渗流场的变化过程

由图8.10可以清楚地看到充气引起的非饱和区形态以及渗流场的变化过程,从阶段一到阶段四,图中颜色越深的区域代表饱和度越大,箭头越大代表流速越大。阶段一:充气刚开始时,气体排开土体孔隙中的水,非饱和区域范围较小,且离充气点越近的地方饱和度越小,同时水流流动方向发生改变,但坡内地下水位线无明显变化。阶段二:随着充气的进行,非饱和区逐渐扩大,且坡体内的地下水位线有明显的上升,这是由于非饱和区大小达到一定程度后严重阻碍了后缘来水的渗流路径,水流只能向坡面方向流去导致地下水位局部抬升。阶段三:紧接着非饱和区突破地下水位线,与下游水位线以上的非饱和区域连通,气体开始冲出坡体,此时非饱和区气压力迅速降低,水气界面向气相方向运动挤压气体,当气压力增大到一定程度时水气界面又向液相方向运动,非饱和区以此规律不断发展直到达到水气平衡,而下游水位由于非饱和区对后缘来水的拦截逐渐下降;最后,到达阶段四时的稳定状态。

将上述计算得到非饱和渗流场作为已知条件导入SIGMA/W模块进行变形模拟分析。选取如图8.9所示充气点上游点1(20,44)、充气点正上方点2(25,42)、充气点下游点3(30,40)和4(35,38)四个测点,模拟在充气压力$P=100\ kPa$的条件下各点的竖向位移随时间的变化,得到充气过程中4个测点的竖向位移y随时间t的变化过程,如图8.11所示。

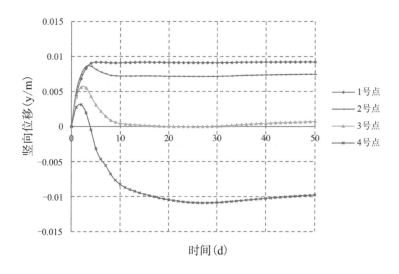

图8.11 充气压力 $P=100$ kPa 时测点竖向位移随时间变化曲线

从图8.11中可以看出,所有点的竖向位移都随时间先增大后减小,最后趋于稳定,这是因为有压气体排开土体孔隙水形成一个相对封闭的有压非饱和区后会对周围土体有托顶挤压的作用,从而使地表土体发生隆起变形,而当封闭非饱和区与外界联通,气体逸出时,地表土体又会发生沉降变形,所以各测点的竖向位移形成了如图8.11所示的变化趋势。充气稳定后,其中测点1和2的竖向位移为正,测点3的竖向位移约为零,测点4的竖向位移为负。这是因为测点1和2的位置相对于充气非饱和区偏上,且位于水气交界面的水相一侧,气体压力对上游土体有顶托作用且阻碍其向下游的变形,故其竖向位移为正;测点3和4的位置相对于充气非饱和区偏下,且位于水气交界面的气相一侧,其中测点3受向上托顶的力产生的正向竖向位移与受沿坡向推挤的力产生的负向竖向位移相当,故竖向位移约为零;而测点4在充气稳定后受沿坡方向推挤的力产生的负向竖向位移占优势,所以最后竖向位移为负。

8.3.3 充气压力与坡体变形的关系分析

为进一步探究充气压力大小对坡体渗流场及土体变形的影响,以及渗流场变化与土体变形之间的联系,选取不同的充气压力进行数值模拟,得到各测点在不同充气压力下竖向位移随时间的变化规律。

图8.12和图8.13分别为充气点上游测点1和充气点正上方的测点2在不同

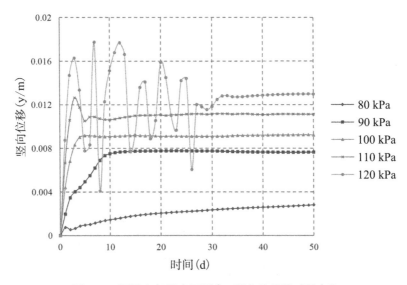

图8.12　不同充气压力下测点1竖向位移随时间变化

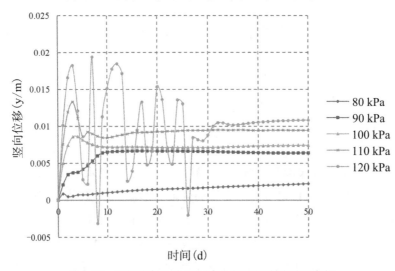

图8.13　不同充气压力下测点2竖向位移随时间变化

充气压力下竖向位移的变化,可见两者变化规律基本一致。当充气压力较小($P{\leqslant}90\ kPa$)时,在模拟的时间范围内竖向位移随着充气进行缓慢增大;当充气压力较大($90\ kPa{<}P{\leqslant}110\ kPa$)时,竖向位移先增大后减小最后趋于一个相对稳定的值;当充气压力继续增大($P{>}110\ kPa$)时,竖向位移开始出现波动的不稳定现象。产生上述不同现象的原因是:充气压力较小时,非饱和区在坡体内不断扩大,气压力缓慢向上托顶上覆土层,但是非饱和区始终不能突破坡体表面;充气压力较大时,非饱和区突破坡体表面,气压力逐渐向上托顶上覆土层,非饱和区突破坡体表面后,气体逸出坡体,气压力减小,上覆土层出现沉降;充气压力继续增大超过充气气压上限值时,过大的充气压力会造成渗流场紊乱,同时破坏土体结构,此时气体通过裂隙逸出坡体,非饱和区气压力下降,坡体表面土体发生下陷,而当周围的水重新挤压非饱和区气体,孔隙气压力又开始上升,坡体表面土体出现隆起变形。随后气压增大到一定程度又会逸出,导致坡体表面土体发生下陷,如此坡体表面土体竖向位移做类似的上下波动变化,直到最后达到一个相对稳定的状态。

图8.14为充气点下游测点3的竖向位移在不同压力下随时间发生的变化。可以看出,在充气压力$P=120$ kPa时,测点3的竖向位移呈现无规律的上下波动变化。该测点在不同充气压力下,初期竖向位移所能达到的峰值随充气压力的增大而增大,而最后稳定的竖向位移值均较小($y<0.003$ m)。这是因为测点3受向上托顶的力产生的正向竖向位移与受沿坡向推挤的力产生的负向竖向位移相当,故位移较小。

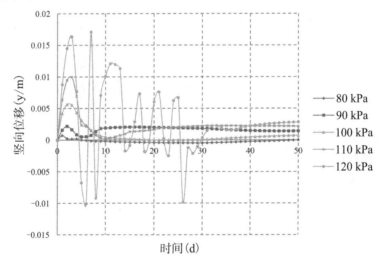

图8.14　不同充气压力下测点3竖向位移随时间变化

图8.15为充气点下游测点4的竖向位移在不同压力下随时间变化。由图8.15可知,测点4在充气后期竖向位移都为负值,当充气压力超过100 kPa后,测点最后的竖向位移大小无规律,即位于非饱和区域下游的测点,其位移量不一定随充气压力的增大而相应增大,具有一定的不确定性。

通过分析可以看出,在某一特定且合适的充气压力下,坡体表面土体的竖向位移均随时间呈现先增大后减少的规律,与土体中非饱和区的发展具有一定

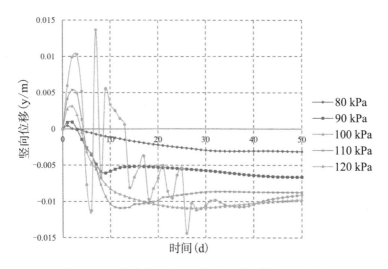

图8.15　不同充气压力下测点4竖向位移随时间变化

的协同性,最后稳定时越靠近坡体上游的土体整体竖向位移越大。不同充气压力下,偏向充气点上游的坡体表面土体竖向位移随充气压力的增大而增大,偏向充气点下游的坡体表面土体竖向位移的变化规律则不明显。当充气压力过大时,无法形成稳定非饱和区,在土体变形上表现为竖向位移变化无规律。采用弹性应力-应变关系对充气截排水过程中土体变形的预测基本反映了其变形趋势,具有一定的参考价值,为定量描述非饱和土渗流以及变形的耦合分析问题提供了有效途径。

　　高压气体注入坡体内部排出自由水的同时,在岩土体中会形成一定范围的充气区,范围大小受给气压力大小及岩土的透气性共同影响,是可控的。只要合理给气就可实现既排出地下水又不出现岩土体的松动变形,初步试验中采用逐渐增加给气压力的方法,就能取到很好的效果。通过岩土的透气性和封气性测试,掌握不同岩土类型的透气和封气特性,就能防止形成有害气囊及无效给气问题。初步的分析计算结果表明,降低滑面有效法向应力的问题,可以采用分段分区充气法解决。事实上,充气形成的气压与孔隙水压力有很大的差别,尽管在充气过程中形成气体压力,会减小坡体的有效应力,但在关闭给气管后,坡体内的气压会快速下降,因为只要排除部分气体就会使气体压力明显下降,这与孔隙水压力需要地下水大量排出才能使孔隙水压力下降的情况有较大的区别。

第9章 边坡充气截排水工程实例分析

本章以瓯青公路小旦滑坡为例,在对其地形质地资料和变形破坏机理分析的基础上,采用数值模拟方法研究充气截排水控制坡体地下水位的有效性及其在不同工况下对坡体稳定性的影响,为充气截排水的工程应用奠定基础。

9.1 滑坡概况及成因分析

小旦滑坡由330国道瓯青公路复线坡脚开挖引发,滑坡体纵向最大长度约140 m、最大宽度约135 m,滑体一般厚度15～20 m。滑坡区原始地形坡度15°～20°。坡体主要由四层堆积土组成,由表层向深层依次为:坡积灰黄色粉质黏土混碎块石(dlQ$_4$),冲积褐红色黏土(alQ$_3$),古滑坡堆积褐黄色粉质黏土混碎块石(delQ$_3$),冲积杂色粉质黏土(alQ$_2$);底部为基岩。工程地质剖面如图9.1所示。

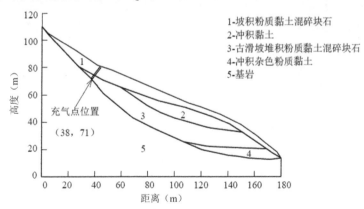

图9.1 小旦滑坡工程地质剖面图

dlQ$_4$和delQ$_3$土层的碎块石含量约为50%,碎块石块径一般在数十厘米,其间空隙由粉质黏土充填,为滑坡体中透水性较好的土层。alQ$_3$土层和alQ$_2$土层原始结构紧密,为相对隔水层,由于粉粒含量较高,力学强度低,在发生坡体变形时很容易产生裂隙,使地下水沿裂隙流出。

滑坡区路基开挖时正值雨季,坡体地下水丰富。由于开挖后初期没有进行任何支护措施,所以坡脚发生了小规模的局部变形破坏,引起坡体水文地质条件发生变化,特别是透水性差的冲积黏土alQ₃堆积于坡脚,阻碍了地下水的排泄。滑坡发生变形破坏过程中,地下水从坡面渗出,表明坡体地下水位因降雨入渗而大幅上升。正是坡体地下水水位快速抬升,使得坡体稳定性下降,最终发生整体滑动。

综合地形地质资料及边坡的变形破坏机理分析,如果在滑坡体后缘区域透水性良好的古滑坡堆积土层delQ₃中充入有压气体,形成临时性的非饱和区截水帷幕,改变地下水渗流场使部分地下水直接流向坡面或流向相对隔水层alQ₃以上,通过坡面松散堆积层dlQ₄流出坡体,就可降低下游delQ₃土层中的地下水位,减小坡脚开挖面附近潜在滑动面上的孔隙水压力,达到阻止坡体发生整体滑动的目的。

9.2　数值计算模型参数确定

9.2.1　模型物理力学参数确定

采用商业岩土工程软件Geo-Studio中SEEP/W和AIR/W模块的耦合进行水气二相流的数值模拟,通过Van Genuchten模型来定义土水特征曲线和土中水、气渗透率曲线。采用基于有限元的二维两相模型进行分析,数值模型计算剖面采用实际的典型地质剖面,单元数量为1706,节点数量为1804,网格自动剖分为四边形和三角形单元。如图9.2所示为计算网格图。

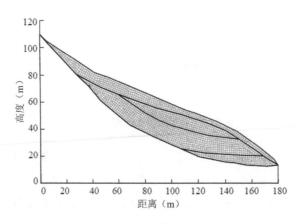

图9.2　计算网格

各土层材料物理参数的取值：alQ_3 和 alQ_2 土层按照工程经验结合工程地质手册的推荐值进行选取，而 dlQ_4 和 $delQ_3$ 土层含有碎块石，查阅相关资料发现由于粗颗粒和细颗粒土含量的不同以及级配的差异，含碎石土体的渗透性相差较大，一般在 $10^{-6} \sim 10^{-2}$ cm/s 数量级范围内，依据滑坡工程地质勘查报告的相关试验成果取值，具体取值结果见表9.1。

表9.1 模型材料物理参数

坡体土层材料类型	透水系数 k_s(cm·s^{-1})	饱和含水量 θ_s(m^3/m^3)	残余含水量 θ_r(m^3/m^3)	透气系数 k_{ad}(cm/s)
dlQ_4	3.0×10^{-4}	0.40	0.040	3.0×10^{-3}
alQ_3	1.0×10^{-6}	0.50	0.050	1.0×10^{-5}
$delQ_3$	2.0×10^{-4}	0.45	0.045	2.0×10^{-3}
alQ_2	6.0×10^{-5}	0.46	0.046	6.0×10^{-4}

由于透气系数一般比透水系数大 $1 \sim 2$ 个数量级，为保证计算结果的可靠性，取透气系数 k_{ad} 为10倍透水系数 k_s。坡体后缘设置单位入渗流量 q，坡体前缘为自由出流边界，坡面为透水透气边界。充气点设置在基岩与滑坡体交界面附近。

尚岳全等(2002)采用常用的传递系数法，对坡体的稳定性进行了计算分析，获得小旦滑坡在自然稳定状态下的稳定性系数1.142；在假定滑面强度参数和其他因素不变的情况下，坡脚开挖后稳定性系数降为1.104，降幅为3.3%。而当坡脚附近发生局部变形，地下水渗流管网系统受到破坏，地下水水位抬升到相对隔水的冲积褐红色黏土土层 alQ_3 以上时，边坡的稳定性系数下降到0.910，降幅达17.6%。依据上述资料，选取合适的后缘单位入渗流量 q，进行反演计算，得到各土层的强度参数见表9.2。

表9.2 模型材料强度参数

坡体土层材料类型	材料天然重度 γ(kN/m^3)	内摩擦角 φ(°)	黏聚力 c(kPa)
dlQ_4	19.5	26	18
alQ_3	19.0	23	23
$delQ_3$	19.5	32	20
alQ_2	19.0	22	28

当坡体处于自然入渗状态下时(取单位入渗流量$q=0.0083\ \text{m}^3/\text{d}$),通过滑动面位置最优化,采用Morgenstern-Price法(下同)得到最危险滑动面下坡体的稳定性系数为$F_s=1.144$;开挖完成初期假设渗流场不变,此时计算得到坡体的稳定性系数为$F_s=1.106$;而当坡体后缘单位入渗流量增大到$q=0.0172\ \text{m}^3/\text{d}$时,地下水水位上升到相对隔水的冲积褐红色黏土土层$\text{alQ}_3$以上,计算得到坡体的稳定性系数$F_s=0.912$。数值反演计算结果与已有文献的稳定性分析计算结果相近(见表9.3),表明确定的模型土体强度参数是合理可靠的。

表9.3　F_s计算结果对比

工况	尚岳全等(2002)	本书
自然状态下	1.142	1.144
开挖后初期	1.104	1.106
开挖后水位上升	0.910	0.912

9.2.2　充气压力确定

选择合适的充气点位置和充气气压值才能取得期望的截排水效果。钱文见等(2016a)发现:当充气压力相同时,充气点位置离潜在滑坡区越近,则潜在滑坡区的地下水位下降幅度就越大;充气点位置越深时,所能采用的充气压力值越大,潜在滑坡区地下水位下降就越大,截排水的效果也越明显。杜丽丽等(2014)发现对坡体充气时存在一个启动充气压力,渗透系数越小,启动气压越大。显然,对于不同边坡,均需要根据坡体地质结构和潜在滑坡特征确定充气点的位置,充气压力大小的确定则需要进行必要的试算确定。根据小旦滑坡的地质条件,结合反复试算,充气点取在图9.1所示坐标点(38,71)位置为宜,取不同的充气压力进行模拟,得到充气稳定后渗流场,计算得到对应的稳定性系数,结果如图9.3所示。

由此可以看出稳定性系数随充气气压值的增大呈现出先增大后减

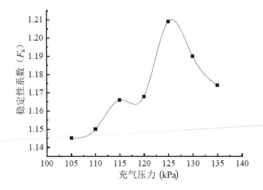

图9.3　充气压力与稳定性系数关系

小的规律。当充气压力值小于125 kPa时充气对于提高坡体的稳定性几乎没有什么作用。这是因为充气压力较小时,气压不足以驱动后缘来水改变流向。当充气压力值大于125 kPa后,继续增大充气压力反而使稳定性系数下降,这是因为土体孔隙中原本被孔隙水封住的气体的逃逸通道增多,充气区中土体的封气性降低,截排水效果变差。所以对于此特定坡体的最佳充气压力值为125 kPa。

9.3　数值模拟结果分析

坡体处于自然稳定入渗状态时(此时单位入渗流量$q=0.0083$ m³/d)的渗流场如图9.4所示,计算滑坡稳定性系数$F_s=1.144$。

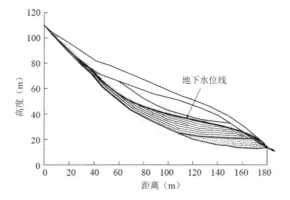

图9.4　自然入渗状态下坡体渗流场

当在坡体后缘采用最佳充气压力值125 kPa进行充气时,得到坡体的稳定渗流场如图9.5所示,计算滑坡稳定性系数$F_s=1.209$,相较于原来自然入渗状态下稳定性系数$F_s=1.144$时,提高了5.7%。

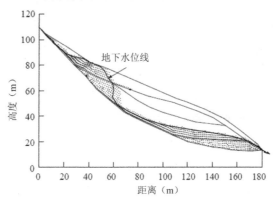

图9.5　充气稳定后的坡体渗流场

同时可以得到充气稳定后坡体内孔隙气压力等值线图与孔隙水压力等值线图,如图9.6和图9.7所示。据此可以分析充气稳定后坡体内孔隙气压力与孔隙水压力的关系。

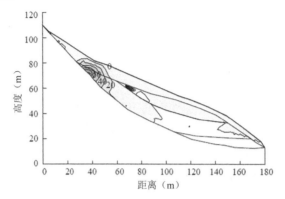

图9.6 充气稳定后孔隙气压力等值线图(单位:kPa)

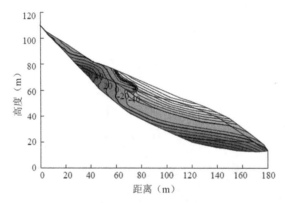

图9.7 充气稳定后孔隙水压力等值线图(单位:kPa)

由图9.6可以看出充气点附近区域气压力值向外逐渐减小,充气非饱和区上游侧的压力梯度明显大于下游侧的压力梯度,这是因为后缘来水对非饱和区上游侧孔隙中的空气会有挤压作用,使得上游侧的孔隙气压力等值线更密。图9.7中灰色越深的区域代表孔隙水压力值越大。结合图9.6和图9.7可以看出,充气非饱和区附近孔隙气压力等值线与孔隙水压力等值线分布非常类似,说明它们之间存在平衡关系,从微观上来看即孔隙中水气分界面维持在稳定状态。

将充气稳定后的坡体进行坡脚开挖,假设开挖完成初期地下水渗流场不变,后缘单位入渗量$q=0.083$ m³/d,此时的坡体稳定性计算结果如图9.8(a)所示,稳定性系数$F_s=1.139$,相较之前自然状态下开挖后的稳定性系数$F_s=1.106$,提高了3.0%。

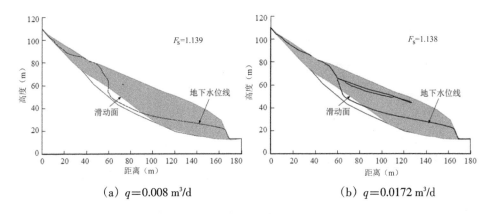

（a）$q=0.008$ m³/d   （b）$q=0.0172$ m³/d

图9.8 开挖状态下充气稳定后坡体稳定性分析

而当遇到坡体后缘入渗流量增大的情况时,假设后缘单位入渗流量由$q=0.0083$ m³/d增大到$q=0.0172$ m³/d,在坡体后缘充气形成稳定非饱和截水帷幕的作用下,那么开挖状态下坡体渗流场稳定后的稳定性计算结果如图9.8(b)所示。此时稳定性系数$F_s=1.138$,可以保障坡体的稳定性系数基本保持不变,与没有进行充气截排水情况的稳定性系数$F_s=0.912$相比,充气时坡体的稳定性提高了24.8%。

以上对充气截排水技术在小旦滑坡地下水位控制的有效性及滑坡稳定性的影响等方面的分析表明,在滑坡后缘坡体的适当位置进行充气,能够形成稳定的非饱和截水帷幕,有效拦截地下水流向充气点下游潜在滑坡区,达到阻止潜在滑坡区地下水位大幅上升的目的。在合适的充气压力作用下,小旦滑坡的坡脚未开挖状态下稳定性系数提高了5.7%,而开挖状态下的稳定性系数提高了3.0%,雨季边坡后缘入渗量增大的情况下,充气截排水对滑坡稳定性的提高作用更为显著,稳定性提高了24.8%,因此充气截排水技术对提高边坡的稳定性是有效的。

第10章　结　语

作为首部专门讨论边坡充气截排水方法的专著,本书试图通过对基础理论问题和相关试验研究成果的详细阐述,建立边坡充气截排水的方法体系。通过理论分析、模型试验和数值模拟,验证了对土体充气排水和充气阻渗截水的可行性,揭示了充气过程中地下水位的变化规律、非饱和阻水区的形成机理及气水两相流特征,研究了充气压力、充气位置、土体渗透性等关键参数对截排水效果的影响,探讨了土体的充气破坏机理,为边坡充气截排水技术的推广应用奠定了理论基础。

边坡充气截排水方法,是基于非饱和土渗透特性及岩土体中气驱水原理的成功应用提出的一种新的主动快速截排坡体地下水的方法。岩土体中水的渗透性具有随饱和度降低而快速下降的特性,基于非饱和土的这一渗透特性,充气截排水方法利用高压气体驱排地下水形成人工的非饱和区发挥截水作用。充气排水在土体孔道中运动仍可采用Darcy定律来描述,毛细作用是充气排水的阻力,气体在孔道中的驱水速度不均匀,在相对孔径较大的孔道内气排水速度将较大,气驱水过程呈现黏性指进现象。当充气压力一定时,对于渗流孔道大小不一的土体来说,充气排水作用有可能只在部分孔道内发生,而小于等于某孔径的孔道内水不能排出;充气压力越大,排水波及的孔径范围越大,但速度也越大,使得发生气窜的时间越短。理论分析表明,充气截排水方法一般只能适用于最大孔径大于$5\ \mu m$的土体,而且充气位置越深越安全。

利用气驱水技术进行滑坡截排水是新技术探索,需要加强基础性测试,首先解决技术方法的可行性问题,为边坡充气截排水技术方法的构建奠定初步基础。设计小试件模型箱,进行土体充气排水和充气截水试验,验证了充气排水过程是可实现的。充气排水存在起始气压力,但当压入的气体压力过大时,可能导致土体发生破坏,故充气排水既要保持较高的压力又要控制充气压力不超过一定的限值。在饱和土柱的渗流路径上进行充气,发现阻渗截水效果良好,水的入渗速度可大幅减慢,含渗流管网的碎石土样甚至因充气实现了完全的阻渗。干燥土充气阻渗试验中,充气可显著减缓地表水的下渗速度、减少下渗量,在考虑气压对容积含水量和湿润锋推进影响的基础上,建立了充气阻渗效果的评价方法。

大部分滑坡是由降雨导致坡体地下水位上升引起的,其中许多滑坡的地下水主要来源于降雨形成的丰富的后缘地下水入渗。因此,拦截坡体后缘的地下水入渗补给,对此类滑坡防治具有重要意义。为了更全面地揭示边坡后缘充气截排水对地下水位的控制作用,构建了边坡物理模型,开展更接近于工程实际的模型试验研究,揭示在边坡环境下充气截排水的效果,为边坡截排水的工程应用奠定基础。砂土边坡充气试验中,充气点上方坡体的体积含水量快速降低,其降低率为32%~46%,地下水位较自然渗流稳定时的水位明显降低,降低率为32%~37%,充气后渗流量较自然渗流量减小了40%,充气阻渗效果十分显著。对于特定坡体,存在与之对应的充气截排水起始充气压力和最佳充气压力。只有当充气压力大于充气截排水起始充气压力时,充气截排水才有效果,当充气压力介于起始充气压力和最佳充气压力之间时,随着气压的增大,坡体前缘水位不断降低,充气截排水效果随气压增大而增大。当充气压力大于最佳充气压力时,充气截排水效果则随气压增大而减小。

对充气形成非饱和区的过程及截排水效果的实现过程,从物理模型试验和数值分析两方面进行了详细的研究。充气截排水效果的实现过程可以分为非饱和区形成阶段和非饱和区基本稳定两个阶段。在非饱和区形成阶段,压缩空气驱替坡体地下水逐渐形成渗透系数较低的非饱和区,在非饱和区基本稳定阶段,非饱和区起到截水帷幕的作用,阻止上游地下水向下游入渗。根据非饱和阻水区两相渗流特征随充气压力增加发生的变化,非饱和区的形成过程又可细分为五个阶段:气相不断向水相中溶解扩散的第一阶段,出现以不流动的封闭气泡形态存在的游离气相的第二阶段,气相开始在小部分孔径较大的连通孔隙中流动的第三阶段,气相沿优势渗流通道流动的第四阶段,原有孔隙渗流通道孔径扩张且气相渗流路径增加的第五阶段,非饱和阻水区的水-气形态特征逐渐从气封闭系统过渡为双开敞系统,最终接近水封闭系统。随着充气压力的增加,非饱和区的水气两相渗流由以水流为主逐渐过渡为以气流为主,非饱和区的阻水效果不断增强,非饱和区面积不断扩展,形状在二维平面上大致呈椭圆形,扩展方向因受到地下水渗流的影响而偏向坡脚方向。压缩气体在坡体形成的非饱和区截水帷幕的截水能力具有一定的稳定性,可以持续发挥截水作用,能够有效降低非饱和区下游的地下水位,而且距离非饱和区较近处的地下水位降低速率和地下水位降幅也较大。停止充气后,非饱和区的气压会快速下降,但坡体内仍会封存大量气体,在一定时间内非饱和区仍能继续发挥截水作用。

对充气截排水技术中充气点位置、渗透性、孔隙率、充气压力及非饱和土层厚度等关键参数进行了研究,得到的主要结论如下:在工程允许的情况下,沿渗流方向上充气点位置的选择应当尽量靠近潜在滑坡区域,沿竖直方向上应当尽量选择较深的充气位置;渗透性、孔隙率对截排水效果有重要影响,不同渗透系数和孔隙率下充气存在一个共同的截排水效果上限,但达到截排水效果上限所需时间不同;充气压力大小是影响截排水效果的一个关键因素,每一个充气压力对应一个截排水效果,上限充气压力越大,截排水效果越好,坡体非饱和土层厚度越大,允许充气气压的范围越大。

土体充气后的破坏呈现出局部性,与其内部大孔隙分布情况有关。土体充气后的破坏现象主要有三种基本模式:均质饱和土体充气后,土体孔隙扩展形成一条延伸的裂隙,随着裂隙扩展直至贯通表面,在土体表面形成透气孔洞;松散干燥的土体充气后主要表现为细小颗粒在大孔隙中移动,最终土体表面形成许多细小颗粒集中带,在表面也形成破坏坑;对于存在透气性差异的分层土体,在土体分层处存在气压梯度的变化,当上部土体透气性小于下部土体时,气体会在分界面聚集,形成气囊抬起土体,当上部土体透气性大于下部土体时,土体破坏情况与单层均质土一致。

边坡充气截排水具有主动截排水、能快速形成截水帷幕及实施设备简单等优势,并且经济性好、施工建设速度快、对斜坡形态改变小。因此,积极推动充气截排水技术走向成熟并运用于工程实际,对降雨型滑坡的治理意义重大,希望充气截排水技术能成为斜坡地质灾害防治的主要技术方法之一。

参考文献

陈永珍,孙红月,谢威,等.2017.非饱和土层厚度与充气压力对截排水效果的影响[J].自然灾害学报,26(4):98-105.

杜丽丽.2014.滑坡治理的充气截排水方法研究[D].杭州:浙江大学.

杜丽丽,孙红月,尚岳全.2013a.松散堆积土边坡充气排水方法[J].吉林大学学报(地球科学版),43(3):877-882.

杜丽丽,孙红月,尚岳全,等.2013b.滑坡应急治理充气截水方法[J].岩石力学与工程学报,32(S2):3954-3960.

杜丽丽,孙红月,尚岳全,等.2014.充气截排水滑坡治理数值模拟研究[J].岩石力学与工程学报,33(S1):2628-2634.

黄润秋.2007.20世纪以来中国的大型滑坡及其发生机制[J].岩石力学与工程学报,26(3):433-454.

江海华,尚岳全,谢威,等.2018.土体充气破坏模式研究[J].铁道建筑,58(4):117-121.

康剑伟,孙红月,刘长殿.2013.一维土柱高压充气阻渗法的数值模拟[J].公路工程,38(3):67-71.

科林斯(Colins R E).1984.流体通过多孔材料的流动[M].北京:石油工业出版社.

孔令荣,黄宏伟,HICHER P Y,等.2008.上海淤泥质黏土微结构特性及固结过程中的结构变化研究[J].岩土力学,29(12):3287-3292.

李佳,高广运,黄雪峰.2011.非饱和原状黄土边坡浸水试验研究[J].岩石力学与工程学报,30(5):1043-1048.

李援农,林性粹.1997.均质土壤积水入渗的气阻变化规律及其影响[J].土壤侵蚀与水土保持学报,3(3):89-94.

李援农.2002.土壤入渗中气相对水流运动影响的研究[J].干旱地区农业研究,20(1):81-83.

林成功,吴德伦.2003.土层透气性现场实验与分析[J].岩土力学,24(4):

579–582.

刘辉,李仲奎,廖宜,等.2006.压气新奥法隧道施工中的渗流分析[J].岩石力学与工程学报,25(3):584–589.

刘长殿,孙红月,康剑伟,等.2014.土体的充气阻渗试验[J].浙江大学学报(工学版),48(2):236–241.

钱文见,尚岳全,杜丽丽,等.2016a.充气位置及压力对边坡截排水效果的影响[J].吉林大学学报(地球科学版),46(02):536–542.

钱文见,尚岳全,朱森俊,等.2016b.粉质黏土透水性与透气性模型试验研究[J].水文地质工程地质,43(5):94–99,104.

尚岳全,周建锋,童文德.2002.含碎块石土质边坡的稳定性问题[J].地质灾害与环境保护(1):41–43.

孙冬梅,冯平,张明进.2009.考虑气相作用的降雨入渗对非饱和土坡稳定性的影响.天津大学学报,42(9):777–783.

孙红月,尚岳全.2010一种滑坡充气排水治理方法.ZL200910099603.0,2009–11–11.

孙红月,尚岳全,申永江,等.2008.破碎岩质边坡排水隧洞效果监测分析[J].岩石力学与工程学报,27(11):2267–2271.

王卫华,王全九,李淑芹.2009.长武地区土壤导气率及其与导水率的关系[J].农业工程学报,25(11):120–127.

叶为民,唐益群,崔玉军.2005.室内吸力量测与上海软土土水特征[J].岩土工程学报,27(3):347–349.

余文飞,孙红月,尚岳全,等.2016.坡体充气过程中气水两相流数值模拟[J].岩石力学与工程学报,35(S2):3597–3604.

余文飞,孙红月,沈佳轶,等.2017.降低滑坡地下水位的充气截排水法最佳充气压力研究[J].岩石力学与工程学报,36(4):890–898.

俞培基,陈愈炯.1965.非饱和土的水—气形态及其与力学性质的关系[J].水利学报(1):16–24.

张华,吴争光.2009.封闭气泡对一维积水入渗影响的试验研究[J].岩土力学,30(S2):132–137,148.

张英,姜斌,黄国强,等.2003.地下水曝气过程中气体流型的实验研究[C].第二届全国传递过程学术研讨会,大连.

Bernadiner M G.1998.A capillary microstructure of the wetting front[J].Transport in Porous Media, 30(3):251-265.

Bodam G B, Colman E A. 1944. Moisture and energy conduction during downward entry of water into soil[J]. Soil Science Society of America Journal, 8(2): 166-182.

Brooks R H. 1964. Properties of porous media affecting fluid flow. Journal of the Irrigation & Drainage Division Proceedings of the American Society of Civil Engineers, 92(2): 61-88.

Brooks R J, Corey A T. 1964. Hydraulic properties of porous media[Z]. Hydrology Paper No. 3, Colorado State Univ, Fort Collins, Colo.

Carsel, RF, Parrish, R S, 1988. Developing joint probability distributions of soil water retention characteristics. Water Resour. Res., 24(5), 755-769.

Cho S E, Lee S R. 2001. Instability of unsaturated soil slopes due to infiltration [J]. Computers and Geotechnics, 28(3): 185-208.

Delage P, Audiguier M, Cui YJ, et al., 1996. Microstructure of a compacted silt [J]. Canadian Geotechnical Journal, 33(1): 150-158.

Fredlund D G. 2006. Unsaturated soil mechanics in engineering practice [J]. Journal of Geotechnical and Geoenvironmental Engineering, 132(3): 286-321.

Fredlund D G, Xing A Q. 1994. Equations for the Soil-Water Characteristic Curve[J]. Canadian Geotechnical Journal, 31(4): 521-532.

Gardner W. 1958. Mathematics of isothermal water conduction in unsaturated soil[R]. Highway Research Board Special Report, 40.

Grismer M E, Orang M N, Clausnitzer V, et al., 1994. Effects of air compression and counterflow on infiltration into soils[J]. Journal of Irrigation and Drainage Engineering-ASCE, 120(4): 775-795.

Hildenbrand A, Schlomer S, Krooss B M. 2002. Gas breakthrough experiments on fine-grained sedimentary rocks[J]. Geofluids, 2(1): 3-23.

Irmay S. 1954. On the hydraulic conductivity of unsaturated soils [J]. Eos, Transactions American Geophysical Union, 35(3): 463-467.

Iversen B V, Moldrup P, Schjonning P, et al. 2001. Air and water permeability in differently textured soils at two measurement scales [J]. Soil Science, 166(10): 643-659.

Javadi A A, Snee C P M. 2001. The effect of air flow on the shear strength of soil in compressed-air tunneling[J]. Canadian Geotechnical Journal, 38(6): 1187–1200.

Ji W, Dahmani A, Ahlfeld D P, et al. 1993. Laboratory Study of Air Sparging-Air-Flow Visualization[J]. Ground Water Monitoring and Remediation, 13(4): 115–126.

Loll P, Moldrup P, Schjonning P, et al. 1999. Predicting saturated hydraulic conductivity from air permeability: Application in stochastic water infiltration modeling [J]. Water Resources Research, 35(8): 2387–2400.

Mallants D, Jacques D, Perko J. 2009. Modeling Multi-Phase Flow Phenomena in Concrete Barriers Used for Geological Disposal of Radioactive Waste [C]. Icem2007: Proceedings of the 11th International Conference on Environmental Remediation and Radioactive Waste Management, Pts a and B: 741–749.

Marulanda C, Culligan P J, Germaine J T. 2000. Centrifuge modeling of air sparging - a study of air flow through saturated porous media[J]. Journal of Hazardous Materials, 72(2-3): 179–215.

Mein R G, Larson C L. 1973. Modeling Infiltration during a Steady Rain. Water Resour. Res., 9(2): 384–394.

Mualem Y. 1976. A new model for predicting hydraulic conductivity of unsaturated porous-media[J]. Water Resources Research, 12(3): 513–522.

Nagel F, Meschke G. 2010. An elasto-plastic three phase model for partially saturated soil for the finite element simulation of compressed air support in tunnelling [J]. International Journal for Numerical and Analytical Methods in Geomechanics, 34(6): 605–625.

Okamura M, Tetraoka T. 2006. Shaking table tests to investigate soil desaturation as a liquefaction countermeasure[J]. Geotechnical Special Publication, (145): 282–293.

Okamura M, Takebayashi M, Nishida K, et al. 2011. In-situ desaturation test by air injection and its evaluation through field monitoring and multiphase flow simulation[J]. Journal of Geotechnical and Geoenvironmental Engineering, 137(7): 643–652.

Peterson J W, Murray K S, Tulu Y I, et al. 2001. Airflow geometry in air sparging of fine-grained sands. Hydrogeology Journal, 9(2): 168–176.

Rahardjo H, Nio A S, Leong E C, et al. 2010. Effects of groundwater table position and soil properties on stability of slope during rainfall[J]. Journal of Geotechnical and Geoenvironmental Engineering, 136(11): 1555–1564.

Rahimi A, Rahardjo H, Leong E C. 2011. Effect of antecedent rainfall patterns on rainfall−induced slope failure[J]. Journal of Geotechnical and Geoenvironmental Engineering, 137(5): 483–491.

Ray R L, Jacobs J M, de Alba P. 2010. Impacts of unsaturated zone soil moisture and groundwater table on slope instability [J]. Journal of Geotechnical and Geoenvironmental Engineering, 136(10): 1448–1458.

Reddy K R, Adams J A. 2000. Effect of groundwater flow on remediation of dissolved−phase VOC contamination using air sparging[J]. Journal of Hazardous Materials, 72(2–3): 147–165.

Semer R, Adams J, Reddy kR. 1998. An experimental investigation of air flow patterns in saturated soils during air Sparging[J]. Geotechnical & Geological Engineering, 16(1): 59–75.

Snee C P M, Javadi A A. 1996. Prediction of compressed air leakage from tunnels[J]. Tunnelling and Underground Space Technology, 11(2): 189–195.

Touma J, Vauclin M, 1986. Experimental and numerical analysis of two−phase infiltration in a partially saturated soil Transp[J]. Porous Media, 1 (1): 27–55.

Van Genuchten M T. 1980. A closed form equation predicting the hydraulic conductivity of unsaturated soils [J]. Soil Science Society of America Journal, 44 (5): 892–898.

Wang Z, Feyen J, van Genuchten M T, et al. 1998. Air entrapment effects on infiltration rate and flow instability[J]. Water Resources Research, 34(2): 213–222.

Xie W, Shang Y, Lü Q, et al. 2018. Experimental study of groundwater level variation in soil slope using air−injection method[J]. Géotechnique Letters, 8 (2): 144–148.

Xie W, Shang Y, Wu G, et al. 2018b. Investigation of the formation process of a low−permeability unsaturated zone by air injection method in a slope [J]. Engineering Geology, 245: 10–19.

Yasuhara H, Okamura M, Kochi Y. 2008. Experiments and predictions of soil desaturation by air−injection technique and the implications mediated by multiphase flow simulation[J]. Soils and Foundations, 48(6): 791–804.

Ye W M, Xu L, Chen B, et al. 2014. An approach based on two-phase flow phenomenon for modeling gas migration in saturated compacted bentonite[J]. Engineering Geology, 169: 124−132.